アクアリウム☆飼い方上手になれる!

熱帯魚

選び方、水槽の立ち上げ、メンテナンス、病気のことがすぐわかる!

著・佐々木浩之

誠文堂新光社

魅惑のアクアリウムへの誘い

アクアリウムは、自然の中の水景を切り取ったり、自分だけの世界を作り上げたりできる魅力的な趣味の世界です。もちろん、限られた水槽の中で熱帯魚の生活環境を作るのですから、なかなか難しいところもあります。とはいえ、環境が整い、見たことも内容な美しい体色を見せてくれたり、小さな稚魚が誕生したりする瞬間は、何物にも代えがたい感動を与えてくれます。ぜひ魅惑のアクアリウムの世界へ踏み込んでみませんか。

今まさに稚魚が
生まれ出ようとしている瞬間

飼い込まれた
タンガニイカ・ランプアイ

鮮やかな発色の
ドワーフ・グーラミィ

青いラインが美しい
ゴールデン・ネオン・テトラ

控えめな美しさが魅力の
ブルーアイ・ラスボラ

濃い赤の発色が目を引く
レッドベリー・ダリオ

渋い美しさを見せる
ワイルドベタ

水草水槽に映える
レッドファントム・テトラ

水槽の中で愛嬌を振りまく
C.トリリネアートゥス
小型美魚の中でも
群を抜く美しさの
ミクロラスボラ・花火

もくじ

はじめに

熱帯魚って、どんな魚なのでしょうか？　水族館や熱帯魚を扱うお店などで見かけるカラフルな魚たちは、もともとは熱帯や亜熱帯の地域に生息しています。日本で流通している熱帯魚の場合、中南米やアジアなどの国から直接輸入されてきた、いわゆる「ワイルド個体」と、東南アジアや中国などで養殖されて輸入される「養殖個体」、日本の国内のブリーダーが繁殖させた個体などがいます。また、熱帯魚と呼ばれていても、実は熱帯の魚ではなかったり、海水性のものや汽水域に生息する魚もいます。いわゆる熱帯魚と呼ばれる魚のなかには実に数千種類もの魚が含まれているのです。ですので、ひと言でこれが「熱帯魚の飼い方」と言い切れるものはありません。基本的な飼育方法があっても、やはりその魚種に合わせて、少しずつ飼育方法をアレンジしていく必要があるのです。

いずれにせよ、熱帯魚を飼う時に考えないといけないことは、出来るだけその魚が元々棲んでいた生息地に近い環境を整えてあげること。水質であったり、隠れる場所であったり、水温だったり、さまざまな要因を考えながら、魚が棲みやすい環境を整えてあげると、予想以上に美しい姿を見せてくれます。もちろん、水槽という限られ

たスペースの中ですべての条件を整えるのはなかなか大変なことですが、いかに魚が棲みやすい環境を作り上げていくかも熱帯魚飼育の醍醐味でもあります。ぜひ挑戦してみてください。

本書で扱うのは主に淡水域の熱帯魚です。よく熱帯魚ショップに行くと魚の種類の説明で「カラシン」や「シクリッド」、「コイ科」といった言葉が書かれています。これは魚の生物学的な分類で、その魚がどんな魚のグループに属するかを示しています。例えば「カラシン」であれば中南米から来た熱帯魚が多いとか、「ナマズ」であれば底のほうに棲む魚、というように、大まかにその魚の出自やタイプを推測することができます。その魚がどんな地域のどんなタイプの魚なのかを知ることが、必要な水質だったり、どんなエサが必要なのか、といった飼育のポイントをつかむヒントになるので、熱帯魚を選ぶ時には名前やその魚がどんなグループに属しているのか、といったことにも注目してみましょう。

主な熱帯魚のグループの種類

熱帯魚のおもなグループと分布

カラシンの仲間	南北アメリカ・アフリカ
コイ科の仲間	北アメリカ・ユーラシア・アフリカ
メダカの仲間	南北アメリカ・ユーラシア・アフリカ
シクリッドの仲間	中央アメリカ・南アメリカ・アフリカ・マダガスカル・南アジア
アナバスの仲間	アジア・アフリカ
ナマズの仲間	アジア・オセアニア・南北アメリカ・アフリカ
レインボー・フィッシュの仲間	オセアニア・インドネシア・マダガスカル
古代魚の仲間	アジア・オセアニア・南北アメリカ・アフリカ

熱帯魚として日本に入ってくる魚は、世界各地に生息しています。飼おうとしている魚がどこから来たのかを知っておくことは、飼育するうえでとても重要なことです。飼育水や水温といった環境は国や地域によっても異なります。それぞれの魚がもともと棲んでいた環境に近い環境を水槽内に作ることが、飼育ではとても重要です。

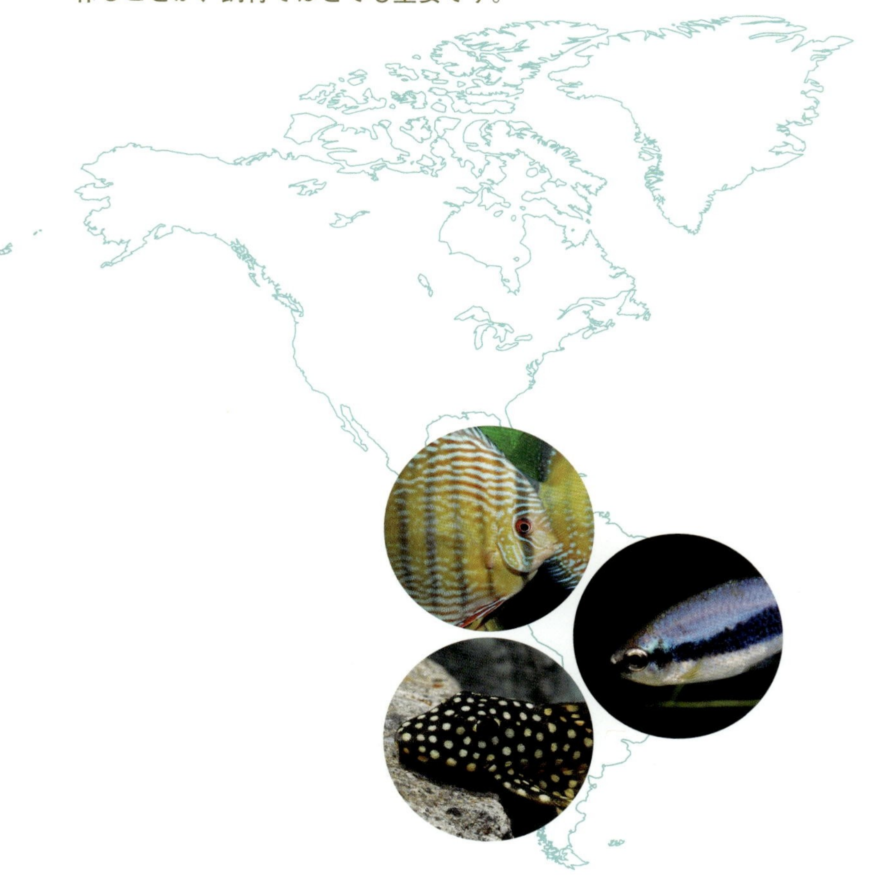

column1

熱帯魚の名前

熱帯魚ショップに行ったり、熱帯魚の図鑑見ると、非常に多くの魚が並んでいますが、ちょっとその名前に注目してみましょう。

熱帯魚の名前にはいくつかのタイプがあります。例えば、「○○メダカ」や「○○ナマズ」のように魚の和名がそのままついているもの。これは割とわかりやすいパターンです。また英語名が一般的な名称として定着していることもあります。例としては「ソード・テール」などがこのパターン。

一方、その魚種の学名が、そのまま一般的な名称になっている場合もあります。卵生メダカの仲間「ノソブランキウス・ラコヴィ」などが代表例です。ただ、熱帯魚の仲間の場合、まだまだ学術的に未開拓な部分も多く、学名などがついていない場合もあります。そういった場合は「○○○.sp」といった呼ばれ方をされていたり、ショップなどで売られる際に付けられていた名称が定着してしまうパターンもあります。こういった名称はインボイス・ネームなどと呼ばれることもあります。例えば「ミクロラスボラ・花火」などがこのパターンです。大きく分けるとこうしたパターンが多いのですが、ややこしくしているのが、分類が最近になって変わってしまい、古い学名だけが呼び名として残っている場合があったり、学名風なのに、何も関係のないインボイス・ネームがついていたりといったパターンもあるのです。

とはいえ、熱帯魚の名前はその由来に、歴史や日本に入ってきた経緯などが垣間見えたりして、実は注目してみると面白い、情報の宝庫だったりもするのです。

Chapter 1

水槽を立ち上げる

熱帯魚飼育の第一歩は水槽を立ち上げることです。いきなり魚を買ってきても、飼える環境がなければ飼育できません。まずは事前に水槽を立ち上げておくことが大切です。

飼育に最低限必要なもの

魚や水槽に合わせて飼育グッズを揃えよう

熱帯魚を飼うにはいくつか必要なものがあります。水槽はもちろんですが、日本よりも気温の高い国に生息をしている魚を飼うので水温を上げるためのヒーターや温度計、水槽内の水をきれいな状態に維持するためのフィルター、水槽の底に敷く底砂、水質調整剤などは確実に必要になります。熱帯魚ショップやホームセンターなどではこうしたものを一式でセットにしたものも販売されています。初めてでどんなものを買えばよいかわからない、という方は、最初はこうした水槽セットを利用するのもよいでしょう。セットのものから始めて、必要に応じてフィルターやそのほかのアイテムを交換したり買い足していくのでも構いません。ショップの店員さんなどに聞けば、いろいろアドバイスをしてくれるはずです。いろいろなものを試してみながら、自分だけのアクアリウムを作り上げていきましょう。

また、絶対に必要というわけではありませんが、水槽内の魚をすくって移動したり、ゴミを捕ったりするのに、小さな網があるととても便利です。そのほか、水替え用のホースやバケツ、水槽用のライトなども揃えておくことをお勧めします。また、意外と電気を使う装置が多いので、電源タップを水槽の設置場所近くに準備しておくことも忘れずに。

最初にそろえておきたい飼育アイテム

あると便利な飼育アイテム

水槽の選び方

設置場所をしっかり決めて水槽を選ぼう

熱帯魚を飼ううえで基本の道具ともいえる水槽ですが、熱帯魚ショップやホームセンターに行くと、さまざまなサイズや形をした水槽が売られています。はたして、どんな水槽を選ぶのがよいのでしょうか。最近ではかわいい小型の水槽が数多く登場しています。こうした小型の水槽はインテリア性も高く、部屋に置いてもあまりスペースを取らないので便利なのですが、欠点もあります。それは中に入る水の量が少ないということです。水槽の中の水の量は、その中で暮らす魚にとっては、たとえて言うならば空気のようなものです。魚を飼育していれば、見た目に大きく変化がなくても、排泄物や食べ残したエサで水質は徐々に悪化したりしていきます。水量が少なければ、それだけ早く水質が悪化するため、こまめに水替えをしたり、水質を調整する必要があるのです。その点、ある程度水量のある大きめの水槽であれば、水質の悪化するスピードは緩やかになるので、メ

ンテナンスは楽になります。とはいえ、大きめの水槽の場合には設置スペースの問題があります。例えば一般的な60㎝水槽の場合、水を張ると60kg近い重量となります。そのため一度設置すると気軽に場所を変えるというわけにはいかないですし、それなりの広さのスペースが必要となります。水槽を設置するスペースとの相談になりますが、設置できる範囲で、出来るだけ大きな水槽を選ぶことが大切です。

また、飼いたいと考えている熱帯魚が、成長するとどのくらいのサイズになるかも確認しておきましょう。

水槽の水量と重さ

水槽サイズ	水量	水の重量
30㎝キューブ水槽（横30×奥行30×高さ30㎝）	27L	27kg
45㎝水槽（横45×奥行27×高さ30㎝）	36.45L	36.45kg
45㎝キューブ水槽（横45×奥行45×高さ45㎝）	91.125L	91.125kg
60㎝水槽（横60×奥行30×高さ36㎝）	64.8L	64.8kg
90㎝水槽（横90×奥行45×高さ45㎝）	182.25L	182.25kg

※実際には水槽を満水状態で使うことはありませんが、重さとしては水槽自体の重さや中に入れた底砂、石、流木などの重さも加算されます。

水槽の設置場所

水槽の設置場所選びは最初の難関

部屋の中に水槽を設置する場合、どういった場所が良いのでしょうか？　選びがちなのが窓辺の日の当たる場所ですが、実はあまり好ましくありません。日中、日が当たることで水槽内の水温が上がり過ぎてしまったり、光合成によって水槽がコケだらけになるなど、意外とデメリットが多いのです。特に夏場の水温上昇は非常に危険で、熱帯魚という名前から誤解されがちですが、一般的な熱帯魚の適温は25〜28℃程度まで。ですが、夏場締め切った部屋で日光が直接当たる場合、あっという間に水温が30℃を超えてしまうこともあります。そうなると、水槽内の魚が1日で全滅といった悲劇も起こりえるのです。

また、設置前に考えておかなければいけないのが、水回りのこと。水槽を維持するためには日常的に水換えをすることになります。新しい水を持ってきたり、古い水を捨てたりするわけですから、出来るだけ水道へのアクセスが良い場所を選んでおきましょう。

水平の取れていない場所に設置すると、水槽が破損する恐れも。

日光の当たる窓際などは温度変化が激しくなるので避けましょう。

また、水槽を置く場所は絶対に水平な場所というのが鉄則です。傾いた場所では水槽の一部に重さがかかり、水槽が割れたり水漏れを起こす原因になりかねません。また、中型以上の水槽の場合、水を入れるとかなりの重さになりますので、ある程度しっかりした土台のある場所でないと、床が沈んだりすることもあります。

もうひとつ気を付けたいのが電源のこと。水槽周りの機器には電気を使うものがいくつかあります。ですから、電源を取りやすい場所に設置したほうがのちのち便利になります。

高水温になったら…

夏場の締め切った室内の場合、窓際など直接日光が当たる場所ではなくても、水温がどんどん上がる場合もあります。実際のところじわじわと水温が上がるのであれば、30℃近くまで上がっても、魚が耐えてくれる場合もあります。でも、出来るだけ28℃以下くらいで水温の上昇は止めたいものです。夏場の高温対策としては、水槽用のファンや水槽用のクーラーを使うことで数℃程度の温度を下げることは可能です。また、部屋自体の温度をエアコンを使って下げておくのもよいでしょう。ちなみに気が付いたら30℃を超えていた、というような場合、水温を下げる必要がありますが、氷などを入れて急激に下げると魚にダメージを与える場合があります。適温の水を作り、少しずつ水替えをしながら下げるなど、徐々に下げる方法をとりましょう。

水槽をセットしよう

さて、必要なグッズが揃ったら、いよいよ水槽を立ち上げます。熱帯魚を飼うことが決まったら、出来れば2週間以上、少なくとも10日くらい前には水槽を立ち上げて、フィルターを回しておきます。事前に水槽を立ち上げて水を循環させておくことで、水の中にバクテリアが殖え、魚が棲める環境が整います。

1

今回は便利な小型の水槽セットを使用して、水槽を立ち上げます。水槽サイズが変わっても基本的には同じ流れになります。

2

水槽を水平な場所にセットします。水を入れてからでは非常に重くなるので、しっかり場所を選んでから設置しましょう。

水槽の底に敷く大磯砂をバケツに入れ、水洗いします。今回は底砂に大磯砂を使いますが、水草などをしっかり根付かせたい場合などはソイルを選んでもよいでしょう。
底面フィルターを使用する場合は、先にフィルターをセットします。

4

しっかり洗って汚れを落としたら、大磯砂を水槽の底に敷き詰めていきます。水槽の手前側をやや薄めに、奥に行くにしたがってやや厚めに敷いておくと、立体的で奥行きのある水景を作ることができます。

5

底砂を敷き終えたら、石や流木を配置します。石を配置するときはガラス面にぶつけないように注意します。石や流木の位置は後からでも変更できますが、ある程度この段階で決めておきましょう。

6

水槽に入れる水を用意します。カルキ抜きや水質調整剤を使って、水質を整えた水を用意しておきましょう。

7

水槽に水を張ります。この時、水を入れ過ぎないように注意しましょう。この後中に手を入れて作業をするので、水を入れ過ぎると、手を入れたときに水がこぼれてしまいます。

8

水を張ったら、水草を植えていきます。専用のピンセットがあると便利です。水草も水槽の奥側に背の高いものを、手前側に背の低いものを配置するとよいでしょう。

9

後ろ側の水草の植え込みが終わったところ。水草を植えるときは、一度に植えてしまわず、途中で何度かバランスを見ながら進めます。

10

続いて水槽の前のほうの水草を植えていきます。

11

水草を植え終わったら、ヒーター、フィルター、ライトなどを設置して、完成です。フィルターの電源を入れて水を循環させましょう。水槽内の水にバクテリアが殖えるのをこのまま待ちます。

水作りについて

熱帯魚飼育の基本は水作り

熱帯魚を飼育するうえで最も大切なことは、飼育する生物に適した水を作ることです。そして、その水質をできるだけキープすることが熱帯魚を飼育することと言っても過言ではないのです。

まずは、最初に水槽をセッティングして水を作ります。この「水作り」が熱帯魚飼育のとても大切な作業です。水道水をそのまま使用しても飼育できてしまうこともありますが、塩素などは魚にとって有害ですので、できれば中和剤などの水質調整剤を使用してあげましょう。リキッドタイプの中和剤が多く販売されていて、手軽に使用できるので事前に用意しておきます。その上で各種水質調整剤やバクテリアなどを使用してセッティングができればより良いスタートがきれるでしょう。熱帯魚を飼育するまでには、最低でも数日はフィルターを作動した「水を回す」という作業を行います。この状態をしっかり準備できれば、この後の熱帯魚飼育はとても楽になります。

注意したいのは、しっかり準備したとしても最初は水質が不安定なので、急な水質悪化が起こりやすいことです。そのため、最初のうちは小まめな水換えが必要になってきます。なぜなら、バクテリアが安定していない初期は、アンモニア

を完全に分解できないからです。そこで、市販されているバクテリアを使って安定させるのも解決策のひとつです。バクテリアは熱帯魚を飼育していれば徐々に発生していくものですが、セッティング時にバクテリア添加剤を使用すれば、素早い水質安定が望めるのです。

飼育がスタートすると魚などの排泄物によって水質は悪化します。フィルターを使用して水質をできるだけキープするのですが、それにも限界があります。そこで、熱帯魚飼育に必ず必要な作業である「水換え」を行います。水換えをしなくても飼育できるということもいわれることがありますが、基本的には水換えを

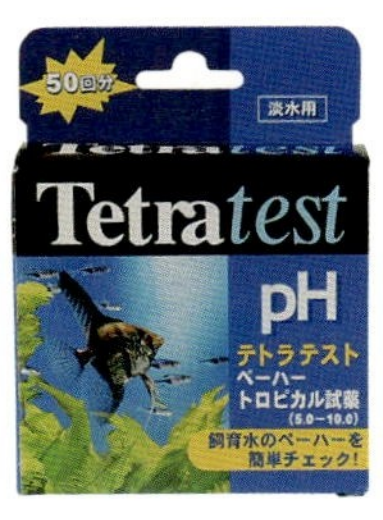

テトラテスト
pHトロピカル試薬

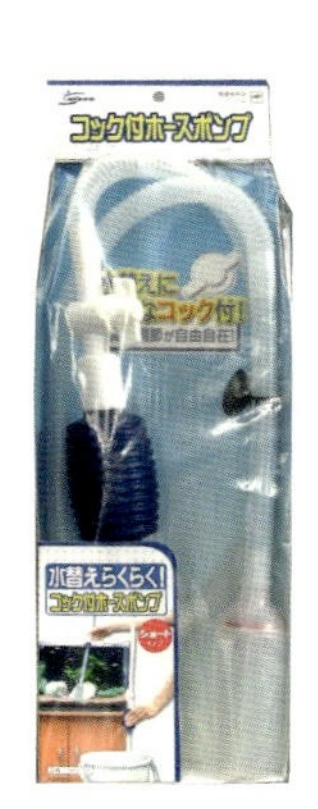

ニッソー
コック付きホースポンプ

テトラアクア
セイフプラス

しなくては飼育できません。悪化した水質を戻し、水槽内のごみや残った餌を取り除く水換えは、給餌とともに熱帯魚を飼育する上で最も大切な作業です。水換えで使用する水もセッティングの時のように水質を調整します。水全体を取り替えるわけではないので、それほど気を使わなくても大丈夫ですが、塩素の中和などは必ず行いましょう。理想的な飼育水に近づけた水換え水を使用できれば、水質変化による魚のダメージを最小限にできるでしょう。

pHに配慮すれば より美しい体色に

このように水を作ってあげれば、問題なく熱帯魚飼育ができますが、さらにステップアップもしてみましょう。pHと呼ばれる水の酸性度やアルカリ性度を見る値は、熱帯魚を飼育する場合、中性辺りの数値で問題なく飼育できます。日本の水道水であれば、ほとんどの熱帯魚を塩素を中和した中性前後の水質で飼育できるのです。

ただし、繁殖を狙ったり、魚本来の体色を引き出すにはpHのコントロールは欠かせないものです。飼育する魚によって、pH調整剤を使用して弱酸性や弱アルカリ性などに調整してあげれば、さらに状態良く飼育できます。現在ではさまざまな水質調整グッズが販売されているので、利用しない手はないでしょう。

フィルターについて

飼育水を維持する必須のアイテム

熱帯魚の飼育において、欠かせないアイテムのひとつがフィルターです。水を循環させると同時に、飼育水の中のゴミを取り除いたり、水を注ぐ際に水中に空気を送り込んだりと、水槽内の環境を整えてくれる中枢の機器といえるでしょう。

フィルターには、外掛け式のフィルターや投げ込み式フィルター、底面フィルター、上部フィルター、外部式フィルターなど、使用する水槽のサイズや、飼育する魚の種類などによって、使うフィルターの種類は変わりますが、仕組みとしては根本的には変わりません。水槽内の水を吸い込んで、フィルターの中にある、ウールマットや濾過材の中を通して、また水槽に戻すわけですが、この時に水槽内の濾過材やマットに、アンモニアや老廃物などを分解してくれるバクテリアがしっかり着いていれば、水質も安定する、という仕組みです。

小型水槽の場合、設置するスペースの問題もあり、外掛け式のフィルターや底面フィルター、投げ込み式のフィルターなどがよく使用されます。また、大型の水槽の場合、フィルターも強力なものが求められるので、大量の濾過材を入れられる、上部式や外部式のフィルターが使われます。ただ、必ずこのフィルターで

なければいけないというわけではないので、用途に応じて使用するとよいと思います。また、上部式や投げ込み式、外掛け式、ブリラントフィルターなどを併用することもあります。自分の水槽環境にはどのようなフィルターがよいのか、迷った時には熱帯魚ショップなどで相談してみるとよいでしょう。いろいろ試して、よい水質を目指してください。

ちなみにフィルターは、水槽内のゴミも回収するので、フィルターの中の濾過材やマットは定期的に洗う必要がありますが、この時にバクテリアを落としてしまわないよう、バケツなどに飼育水を移して、その中で濾過材やマットを洗うなどすると良いでしょう。

主なフィルターの種類

熱帯魚を選ぼう

どんな熱帯魚を、どう飼うか、イメージしよう

ここまで熱帯魚の飼育環境、水槽周りの話を続けてきましたが、アクアリウムの世界は日々、進化しています。水槽周りの製品も、数年前と比べてもどんどん変わっているので、新しい物をチェックしていなければなりません。中でもこの数年、小型水槽関連の商品開発が盛んになって、数多くのアイテムを使用することができるようになっています。必ず自分の飼育スタイルにあった環境を整えることができるはずなので、以前よりも簡単に熱帯魚飼育をスタートさせることができるようになっています。

さて、飼育環境が整ったら、いよいよ熱帯魚を選ぶ時間です。まずは、自分が

どのような水槽でどのような魚種を飼育したいのかをイメージしましょう。熱帯魚の書籍を読んでイメージを膨らませたり、ショップでスタッフに直接相談しても良いでしょう。

飼いたい熱帯魚の候補が決まったら、熱帯魚ショップで見てみましょう。実際に見ることで、イメージを固めることができたり、ショップの人に魚の特徴や注意点などを聞くこともできます。また、一部の混泳させられない魚をのぞいて、いくつかの魚種を同じ水槽で飼うことができます。どういった魚を混泳させるのか、どんな水草を合わせるか、といったことも考えておきましょう。

魚を選ぶ時の注意点

非常に数が少ない魚種でない限り、魚種が決まったら、実際に飼う個体を選ぶことになります。同じ魚種でも入荷したての魚や、管理の悪いショップなどでは弱っていることもあります。初めて熱帯魚を飼う時には、特に魚の状態の善し悪しがわかりにくいと思いますので、すぐに買うのではなく、いくつかのショップを回って、比較してみましょう。

魚の状態を見るポイントとしては、①**背ビレや尾ビレなど、各ヒレがきれいに**

整っているかどうか、②目が充血していたりしていないか、③呼吸が速くないか、④ウロコがはげたり、擦れたりしていないか、⑤しっかり泳げているか、といったところ。じっくりチェックしてみましょう。いくつかショップを回って比較すると、だんだん状態のよい魚がわかってくるようになるはずです。そうやって良い状態の魚を見分けられるようになってくると、きちんと魚をメンテナンスしているショップや信頼できるショップも見極められるようになります。熱帯魚を飼育するうえで、信頼できる熱帯魚ショップを見つけておくことはとても重要です。飼育で困ったときや悩んだときに、相談に乗ってもらえるはずです。そういったショップを見つけることも、魚選び同様、大切なことなのです。

タイで採取したコイ科の熱帯魚たち。現地の環境を水槽内で再現したい。

魚を買ったら…

気に入った魚を選んだら、いよいよ購入です。併せて、その魚種にあった餌なども購入しておきましょう。購入した熱帯魚はほとんどの場合、ビニール袋に水と酸素を入れた状態でパッキングされているはずです。水が入っているため、それなりの重さになりますが、あまり揺らさないよう注意して持ち帰りましょう。

また、パッキング内の水は少量なので、温度変化がしやすくなっています。高温になりやすい夏場や、温度が下がりやすい冬場はできるだけ早く持ち帰って、魚の負担を少なくしてあげましょう。持ち帰るのに時間がかかる場合には、購入時に伝えて、酸素を多めにしてもらったり、保温用にカイロを使うなどの対策を取っておきましょう。

Chapter2

魚の導入と毎日の管理

さて、いよいよ魚を水槽に移して、熱帯魚との暮らしの始まりです。事前にしっかり水づくりをして、しっかり水合わせをしておけば導入も安心です。ここでは毎日の管理について見ていきましょう。

水合わせと温度合わせ

じっくり時間をかけて環境に慣れさせよう

さて、いよいよ事前に立ち上げていた水槽に、熱帯魚を導入します。この時に大切なのが水合わせと温度合わせです。熱帯魚ショップなどの水槽の水に慣れていた魚にとって、新たな水槽の水は、水質や温度などが異なるため、いきなり魚だけ移してしまうとショック状態となり、最悪の場合、そのまま死んでしまうこともあります。これを避けるために、徐々に水を混ぜていき、水に慣れさせる「水合わせ」、「温度合わせ」をする必要があります。

購入した熱帯魚はビニール袋でパッキングされていますが、まずは開封せずに水槽に浮かべてしばらくそのままにしておきます。こうすることで、水槽の水温と袋の中の水温が同じになります。

温度が合ってきたら、次は水合わせです。袋の口を開け、水槽に浮かべたまま、水槽の水を袋の中に入れて、水を混ぜていきます。この時、いきなり大量の水を混ぜてしまうと、魚が水質ショックを起こすこともあるので、少しずつ水を混ぜて、時間をかけて慣らしていきましょう。水を混ぜる際には、少しずつコップなどを使って水を移したり、袋に小さな穴を開けておくことで水を混ぜていきます。ただ、水質の変化に弱い魚、例えば南米などから輸入されてきたワイルドの個体や、もともとあまり状態が良くない魚な

買ってきたパッキングのまま、水槽に浮かべておくことで、少しずつ水槽の水温に合わせていきます。

クリップなどで袋を水槽に固定すると水合わせがしやすくなります。少しずつ水を入れて合わせていきます。

どの場合は、細いチューブなどを使って、ぽたぽたと水が垂れるくらいの量で、慎重に水を混ぜていくようにしましょう。水合わせにかける時間としては、最低でも1時間くらいかけて、場合によっては数時間かけてあげましょう。水合わせをしている間、袋の中の魚をよく観察しておきます。おそらく、エラの動きなどがパタパタと速くなり、袋の底でじっとしているはずです。水に慣れてくれば、エラの動きも緩やかになってきます。

水合わせが終わって、魚の状態が落ち着いてきたら、ゆっくりと袋から水槽の中に放します。最初は水槽の底のほうに沈んで、じっとしていることが多いと思いますが、環境に慣れてくるにしたがって、徐々に泳ぎ始めます。ここまでくればひと安心です。あとは水槽の中で自分の棲みやすい場所を探して、落ち着いてくれるはずです。

導入直後の注意点

水槽に魚を放した直後は、魚に取って新しい環境に慣れるため、水草や流木の陰に隠れたりして姿が見えなくなることがあります。でも、慣れるまでは無理に見えるところに出したりするのはNG。また、餌も水槽内の環境に慣れるまで数日間は控えましょう。

魚の状態をよく観察しましょう。落ちついているようなら問題ありません。

水合わせがきちんとできていれば、袋から魚を出すと、すぐに元気に水槽の中を泳ぎ始めます。

エサについて

エサのあげ過ぎに注意！

熱帯魚の飼育の中でも、楽しい瞬間のひとつでもある、エサをあげるという行為ですが、いくつか気を付けたいことがあります。ついつい、エサに寄って来るかわいい姿が見たくて、毎日エサを与えたくなる方も多いと思います。中には日に何度もエサをあげてしまう方もいるかもしれません。でも、この行為は魚のためを思うとNGです。自然下では魚は毎日エサにありつけることはなかなかありません。ですから、餌は1日に一度で十分です。しかも、与える量は自分が思っているより少なくて良いと考えてください。中にはバルブス・ヤエや卵胎生メダカの仲間のように、常に餌を食べていないと痩せてしまう魚もいますが、大抵は1日に一度の少量の餌で問題ありません。

ハチェットのように水槽上部を泳ぐ魚の場合には沈みにくいフレーク状のエサが適しています。

特にイトミミズのような生き餌は、与え過ぎると太って体形を崩してしまいます。魚がエサを完全に食べきってしまえば問題ありませんが、食べきれずに残ったエサは水槽内で腐敗して、水を汚してしまいます。自然下の広い水の中であれば特に問題はありませんが、水槽内の限られた水量の中で、水が汚れてしまうと、中で暮らす魚にとっては死活問題です。ですから数日おきくらいのペースで、魚が食べきってくれる量を与えることが大切なのです。また、食べ残したエサは、出来るだけ網などですくって、取り除くようにしましょう。

魚の種類にあったエサをあげよう

熱帯魚といっても、その種類はさまざまで、コケなどを食べる魚もいれば、他

スカーレット・ジェムはなかなか餌付けが難しいといわれています。体も小さいので、人工餌を食べてくれない場合にはブラインシュリンプなどを与えます。

コリドラスなどは水槽の底面近くにいることが多いため、沈降性のエサを与えましょう。

の魚やエビなどを食べる魚もいます。また、魚によって、泳ぐエリアが異なる場合もあります。水槽の底のほうで暮らす魚もいれば、水面近くで泳ぎまわる魚もいるので、魚によって浮くタイプのエサが良いのか、沈むタイプのエサがよいのか、といったことも配慮が必要です。

現在、さまざまなメーカーから、魚種ごとに適応したエサも販売されているので、熱帯魚を飼う時に、ショップの店員さんなどに相談して、魚にあったエサを用意しておくとよいでしょう。

東南アジアなどで養殖された個体の場合、多くは人工飼料に慣れていますが、南米などから空輸されて来る個体の中にはなかなか人工飼料を食べてくれない個体もいます。そうした場合にはクリル（乾燥させたエビ）や冷凍アカムシを試してみましょう。

〈熱帯魚の代表的なエサ〉

フレーク状の人工餌は、しばらく水面に浮かんだあとゆっくり沈んでいくため、いろいろなタイプの魚に与えやすいフードです。さまざまな栄養素をバランスよく含んでいるため、幅広い魚種に対応しています。

テトラミン

クリルはエビを乾燥させたもの。匂いも強いので嗜好性が高く、人工餌を食べてくれない魚などにも有効。小型の魚には粉状に潰して与えてもよい。

テトラクリル-E

いろいろな魚の混泳に挑戦

魚の習性を考えながら混泳させよう

さまざまな種類の魚が泳ぐ水槽を作ることは、アクアリウムの楽しみのひとつですが、混泳には意外と注意すべき点が多く、ポイントを押さえて混泳させないと、さまざまなトラブルが起こります。

まず、混泳させる時の絶対条件として、肉食魚を入れないということ。これはもちろん、肉食魚にとって、一緒に泳いでいる魚＝エサになってしまうわけですから、混泳は成り立ちません。また、肉食魚ではない魚種であっても、ナワバリ意識の強い魚種は、なるべく避けたほうが良いでしょう。ほかの魚を追い回したり、いじめたりしてボロボロにしてしまうことがあります。もちろん、どんな魚でもある程度はナワバリ意識がありますが、シクリッドの一部の魚やベタの仲間など、縄張り意識の強い魚種はあまり混泳には向きません。迷った時には魚を購入する前にショップの店員さんなどに一度話を聞いておくとよいでしょう。

カラシンやコイ科の魚の中には群れて泳ぐ習性があるものもいます。水草水槽で群泳するカージナル・テトラなどの姿を見たことがある方も多いのではないでしょうか。こうした魚は混泳向きといえ

ます。まずはこうした混泳向きの魚種から始めてみるのが良いかもしれません。

また、なるべく同じような大きさの魚で揃えることも、魚同士のトラブルを避けるためには有効です。

ベタは、闘魚と呼ばれるほどオス同士で争うので、混泳には向かない。

水槽内の泳ぐ場所を分ける

複数の魚種を同じ水槽で泳がせる場合、普段泳ぐ場所が水槽内のどのあたりなのかを考えることも大切です。例えば水槽の水面近くを泳ぐ魚種と、中層を泳ぐ魚種、底のほうで泳ぐ魚種というように、泳ぐエリアが違えば、水槽内でぶつかることが少なくなるので、トラブルは起こりにくくなります。例えば底面近くにコリドラスなどを泳がせ、中層にカージナル・テトラ、水面近くにハチェット、というようにエリアごとに泳ぐ魚を投入すれば、混泳水槽が作れるというわけです。

水槽の中層部を泳ぐ魚の代表種。

また、水草や流木、岩などを水槽内に配置することで、逃げたり隠れたりすることができる場所を作ってあげることも大切です。

数の入れ過ぎには注意

混泳でのトラブルを抑える方法として、たくさんの数を入れて、過密状態にしてしまう、という方法もありますが、おすすめはできません。過密状態にすると、魚は自分のナワバリを作るだけの余裕もなくなるので、ケンカなどのトラブルが起こらない、ということなのですが、その分、水質悪化や過密によるストレスなどの問題が発生してしまいます。そうでなくても、混泳させる場合、ついつい多く泳がせ過ぎてしまいがちです。過密になり過ぎないよう、気を付けてあげましょう。

水質と魚の状態の関係

水の状態が良ければ、魚も元気

水槽で飼育されている熱帯魚の健康状態の大きな部分を握っているのは、水槽内の水です。自然下では棲んでいる場所の水質が悪くなれば、水質の良い所へ移動することもできますが、水槽内ではそういうわけにもいきません。そのため、水質が悪くなれば、魚の健康状態も悪くなってしまいます。ただ、水槽内の水が悪くなったとしても、なかなか見た目だけではわかりにくいものです。変なニオイがしたり、水自体が濁ってしまうような状態であれば、さすがに「水質が悪そうだ」ということになりますが、無色透明の水であっても、アンモニア濃度が上がっていたり、水のｐＨが上がり過ぎていたり、下がり過ぎていることもあり得ます。こうした水質悪化を早めに解消してあげることが、魚の長期飼育に繋がっていきます。

では、水質の悪化を防ぐにはどうすればよいでしょうか？　まずは魚をよく観察することが重要です。水の状態が良ければ、魚も活発に泳ぎ、よくエサを食べます。また、体色も鮮やかな発色を見せてくれます。でも水質が悪くなれば、魚はあまり動かなくなったり、呼吸が速くなったりして、体色もくすんできます。毎日観察していて、状態が落ちてきたな、と感じたら、水質の悪化を疑ってみましょう。

また、魚の状態が良い時の水質を検査薬などで計っておき、ｐＨなどの数値を記録しておくと、判断の基準になります。良い時の数値から、どのくらいの日数が経つと水質が落ちるのかを把握しておきましょう。

水質があって、状態が上がると見たことのないほど美しい発色を見せてくれる。

採集された直後の魚はストレスなどで体色は黒ずんだり、色が抜けて見える。

ブラックウォーターを好むとされるチョコレート・グーラミィ。

水質が合うと美しい体色を見せるミクロラスボラ・花火。

魚種によっても求める水質が異なる

熱帯魚の飼育水は基本的には中性で整えることが多いのですが、魚種によっては好む水質が異なる場合もあります。例えばミャンマーの魚であるミクラスボラ・花火の場合、生息地の水質が中性〜弱アルカリ性なので、その水質に近づけたほうが良かったり、チョコレート・グラミィも水質によって体調自体が変わります。

水質が合うと、熱帯魚の体色は驚くほど美しくなります。普段からよく魚の状態を観察して、飼っている熱帯魚にあった水質を見つけて、維持してあげるようにしましょう。

生息地の水質の情報を調べて、その水質に合わせてあげよう。

水換えについて

「できるだけ少量ずつこまめに」が理想

熱帯魚飼育の、日常的な管理として、避けて通れないのが水換えです。前ページでも触れましたが、水槽内の水は一見汚れていないように見えても、だんだんと水質が悪化していきます。そこで定期的に水を交換することで、魚にとって快適な水質を維持する必要があるのです。

水換えは水槽内の古い水を交換することで、水槽内の環境を整える意味があります。

ただ、ここで気を付けなければいけないのは、一度に大量の水を交換してしまうと、水質が大きく変化してしまい、魚の体に負担がかかってしまいます。また、水槽内の水には老廃物やアンモニアを分解してくれる、有用なバクテリアがたくさんいますが、水換え用の水にはバクテリアはいないので、大量に水を交換してしまうと、水槽内の大切なバクテリアが減ってしまいます。それを避けるためにも、水換えの基本的な考え方としては、1回に交換する量は少なめにして、その代わりにこまめに水換えを行うのが理想になります。水換え用の水をバケツなどで用意しておき、毎日蒸発した分の量くらいを足していく、というようなペースでもよいのですが、なかなか毎日は大変、という方もいらっしゃると思います。それでも週に1度程度は水換えは行うようにしたいところです。週に1度程度のペ

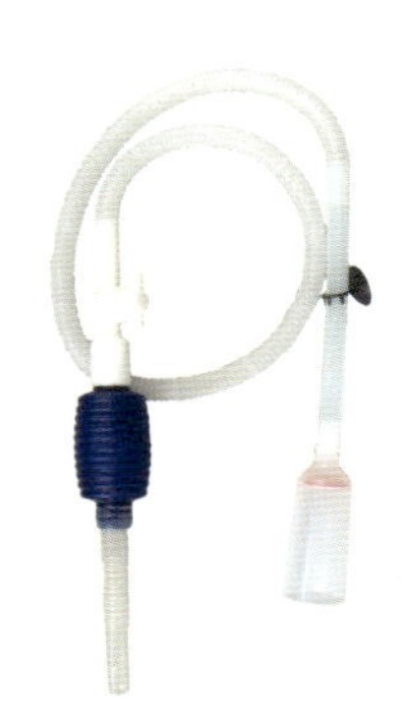

水換え用のポンプがあると作業がかなり楽になります。

ースの場合でも、１回に交換する水の量は、水槽内の水の1/4程度にとどめるようにしましょう。この時に水槽の底のほうに溜まっているゴミやエサの食べ残しなどは網や底床クリーナーなどを使って取っておくことも大切です。

ちなみに水換えで使う水については、汲み置きして曝気した水や、水質調整剤を使って水で大丈夫です。水道水をそのまま使うと、水の中に含まれる、カルキや重金属などが魚に影響を与えることもあるので、避けたほうが良いでしょう。

水換えで使用する水も、あらかじめ水質調整剤を使って、カルキなどを抜いておきます。

〈水槽内の生物濾過の大まかな流れ〉

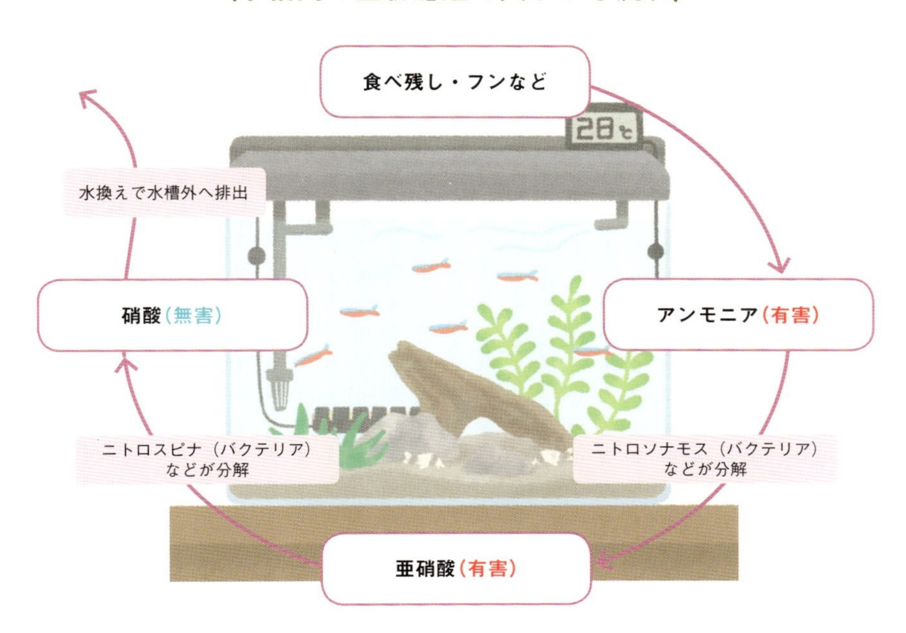

コケ取りをしよう

種類によっては
ガンコなコケも

どんなにきれいなレイアウト水槽を作っても、しばらくすると水槽の中やガラス面などにコケが発生してきます。表面のガラスがコケに覆われてしまうと、せっかくのきれいなレイアウトや魚の姿を見ることができません。きれいな水槽を維持するためには、このコケとの闘いは避けて通れないものです。

水槽内に発生するコケにはいろいろな種類があります。水槽のガラス面につく緑色のコケについては、メラミンのスポンジやスケラーなどで簡単に落すことができます。水換えのタイミングで、ガラス面を毎回きれいにするようにしておけば、大量発生することもなく、きれいな水槽が維持できると思います。また、コケを食べてくれるヌマエビやオトシンなどを水槽に入れておくことも有効です。

問題は水槽内に発生する藍藻やアオミドロなどのコケです。繁殖する力が強く、水槽内の水草などに絡みついて、なかなか完全に取り除くことが難しいのです。これらのコケは水槽内の水が富栄養化した場合など、水質の変化によって発生することもあるので、水替えを行うことで、改善する場合もあります。また、いろい

ガラス面に付着する斑点状のコケはメラミンスポンジやコケ取り用のスクレーパー、定規などを使ってこすり落とします。

メラミンスポンジは使いやすいサイズに切って使用します。

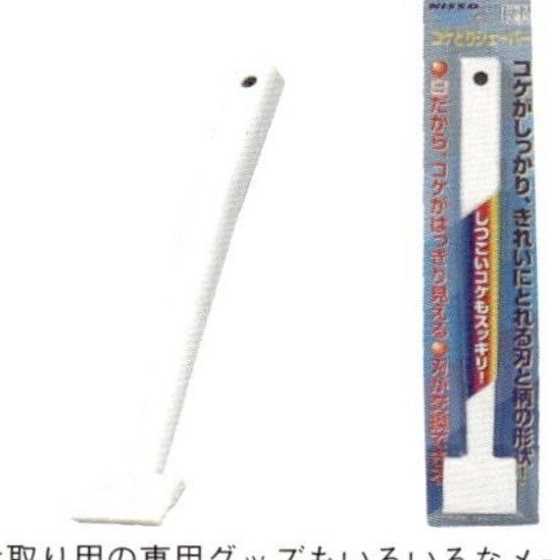

コケ取り用の専用グッズもいろいろなメーカーから販売されています。

水草から糸のようなアオミドロが伸びている。

水草にまとわりつくように発生した藍藻。

ろなメーカーからコケの発生を抑える薬品なども発売されているので、それを利用することも対抗手段のひとつです。ただ、コケも水槽内の水草と同じ植物の1種です。コケに効く薬品の中には、水草に影響を与えるものあるので、注意が必要です。また、コケも光合成をして増殖していくので、水槽のライトを消して、水槽を布や新聞紙で覆って数日間光を遮ることで増殖できないようにする、というのもコケ退治には有効です。

水槽内で発生するコケの中で手強いのが、黒いヒゲ状のコケです。ガラス面や流木、フィルターなどについて、非常に頑固で落とすのに苦労します。また、このコケはいわゆるコケ取りと呼ばれるエビや魚も食べてくれません。このコケが発生した場合はなるべく広がらないように、こまめにはぎ取っていくしかありません。

ひげ状のコケは発生するとかなり厄介。

1
水槽のガラス面についたコケ。

2
コケ取り用のスクレーパーでコケを掻き取ります。

3
スポンジで落とした後は水槽内の水換えをして、水中に漂っているコケを排出するのも忘れずに。

column2

水槽内をきれいにしてくれる生き物たち

ヤマトヌマエビ

熱帯魚ショップなどで売られている魚や生物の中には、水槽内のコケなどを食べてくれるものもいます。こうした魚や生き物を数匹水槽内に入れておけば、コケをある程度きれいに掃除してくれます。ただし、こうした生き物も混泳する魚と同様、水槽内の他の魚との相性は確認してから入れましょう。ヌマエビを導入したら、一晩で食べられてしまった、といったことも起こるのでご注意を。

水槽内のコケや貝などを食べてくれる生き物たち

ミナミヌマエビ

ビーシュリンプ

サイヤミーズ・フライング・フォックス

オトシンクルス

アノマロクロミス・トーマシー

イシマキガイ

レッドラムズホーン

Chapter3

熱帯魚の仲間たち

この章では比較的入手しやすい熱帯魚の仲間をご紹介。もちろんここで掲載している魚以外にも多くの種類の魚を熱帯魚ショップでは見ることができます。今回ご紹介する魚は小型の水槽でも飼育しやすい小型魚を中心に集めています。ぜひ飼育にチャレンジしてみてください。

カラシンの仲間

カラシンの仲間は淡水に棲む熱帯魚の中ではかなり大きなグループで、ネオンテトラのような小型種から、ピラニアやホーリーのような大型の肉食魚までさまざまな魚が含まれます。分布域も中南米からアフリカまでと広く、脂びれを持つのが特徴です。

ネオン・テトラ

Paracheirodon innesi

古くから親しまれている超定番種。観賞魚として古くから親しまれている、最も有名で美しい熱帯魚の一つ。香港で大量に養殖され、常時ショップで見かけられる。価格も安価で、熱帯魚飼育の入門種として人気。餌も何でも食べ、飼育は容易。

分布：アマゾン川
体長：3cm
水温：25〜27℃
水質：弱酸性〜中性
水槽：20cm以上
エサ：人工飼料、生き餌
飼育難易度：やさしい

ダイヤモンド・ネオン

Paracheirodon innesi var.

金属光沢が美しい改良品種。東南アジアで作出された、ネオン・テトラの改良品種。ダイヤモンドの名にふさわしい頭部から体側にかけての金属光沢が美しく、水草レイアウト水槽などで群泳をして楽しみたい。飼育はネオン・テトラと同様に容易。

分布：改良品種
体長：3cm
水温：25〜27℃
水質：弱酸性〜中性
水槽：20cm以上
エサ：人工飼料、生き餌
飼育難易度：やさしい

ゴールデン・ネオン

Paracheirodon innesi var.

白い体を持つ改良ネオン・テトラ。透明感のある乳白色の体色にブルーのラインが入る、爽やかな印象の改良ネオン・テトラの1品種。現在では広く普及しており、安価で購入することができる。飼育も容易。

分布：改良品種
体長：3cm
水温：25〜27℃
水質：弱酸性〜中性
水槽：20cm以上
エサ：人工飼料、生き餌
飼育難易度：やさしい

グリーン・ネオン

Paracheirodon simulanus

小型テトラの中でも特に小さな種。ネオン・テトラに似た体色を持つが、赤い部分が薄く、体側に入るブルーの印象が強いことからこの名前がある。水草水槽で群泳させると美しいが、草食性がやや強く、水草の新芽などを食べてしまうので注意。

分布：ネグロ川
体長：2.5cm
水温：25〜27℃
水質：弱酸性〜中性
水槽：20cm以上
エサ：人工飼料、生き餌
飼育難易度：ふつう

カーディナル・テトラ

Paracheirodon axelrodi

最も美しい熱帯魚のひとつ。ネオン・テトラよりも腹部の赤い部分が広くより鮮やかな印象で、少し大きくなるので、水草レイアウト水槽で群泳させると美しく映える。最近になりブリード個体も見られるようになっているが、南米から採集個体がコンスタントに輸入されている。飼育も難しくない。

分布：ネグロ川　体長：4cm
水温：25〜27℃
水質：弱酸性〜中性
水槽：20cm以上
エサ：人工飼料、生き餌
飼育難易度：ふつう

グローライト・テトラ

Hemigrammus erythrozonus

古くから親しまれているポピュラー種で、トップクラスの美しさを誇る。蛍光オレンジのラインが入った透明感のある体がとても美しいカラシン。東南アジアで盛んに養殖されており、コンスタントな輸入がある。価格も安く、性質もおとなしいため混泳水槽でも飼いやすい。丈夫で飼いやすく、繁殖も比較的容易。

分布：ギアナ　体長：3cm
水温：25〜27℃
水質：弱酸性〜中性
水槽：20cm以上
エサ：人工飼料、生き餌
飼育難易度：やさしい

ゴールデン・テトラ

Hemigrammus armstrongi

メタリックな銀色の体色を持っているのが特徴。体側にブルーのラインが入ることからブルーラインなどと呼ばれることもある。どちらもポピュラー種なので、入手は容易。丈夫で餌も何でもよく食べてくれるので飼育は容易。水草によく映えるので水草水槽で群泳させるのがお勧めだ。

分布：ギアナ
体長：3.5cm
水温：25〜27℃
水質：弱酸性〜中性
水槽：20cm以上
エサ：人工飼料、生き餌
飼育難易度：やさしい

ブラックネオン・テトラ

Hyphessobrycon herbertaxelrodi

シックな印象のポピュラー種。古くからの定番と言っていい程のポピュラー種だが、じっくり飼育すると各ヒレも伸長してとても綺麗に育つ。飼育はとても容易で初心者にもお勧めだ。黒い色彩が水草の美しさも引き立ててくれる。

分布：ブラジル
体長：3,5cm
水温：25〜27℃
水質：弱酸性〜中性
水槽：20cm以上
エサ：人工飼料、生き餌
飼育難易度：やさしい

ロージィ・テトラ

Hyphessobrycon rosaceus

鮮やかな体色と、大きな背びれが美しい。迫力のフィンスプレッティングが必見。小型テトラを代表する美魚。状態良く飼育した個体の体色や背びれは素晴らしい。じっくり飼い込んで仕上げたい魚だ。輸入状態によるが、馴染めば飼育も難しくない。

分布：アマゾン河
体長：5cm
水温：25～27℃
水質：弱酸性～中性
水槽：30cm以上
エサ：人工飼料、生き餌
飼育難易度：ふつう

レモン・テトラ

Hyphessobrycon pulchripinnis

古くから親しまれている定番種。レモンを思わせる黄色の体色からこの名がついた、最もポピュラーなテトラのひとつ。東南アジアで養殖が盛んに行われ、輸入量はとても多い。飼育は容易だが、水草の新芽を食べることがあるので要注意。

分布：アマゾン河
体長：4cm
水温：25～27℃
水質：弱酸性～中性
水槽：20cm以上
エサ：人工飼料、生き餌
飼育難易度：やさしい

レッドファントム・テトラ

Hyphessobrycon sweglesi

水槽内でもひと際よく目立つ人気の美種で、水草レイアウト水槽で群泳に最適。オスは背ビレが美しく伸長し、体色も透明感のある赤に発色する。中でもルブラと呼ばれるものはとりわけ赤が鮮やかで、非常に美しい。人工飼料もよく食べてくれるが、赤の発色が良くなる物を中心に与えると良い。

分布：ペルー、コロンビア
体長：4cm　水温：25～27℃
水質：弱酸性～中性
水槽：20cm以上
エサ：人工飼料、生き餌
飼育難易度：ふつう

プリステラ

Pristella maxillaris

背ビレと尻ビレが可愛いらしい。その可愛らしい色彩で、古くから親しまれているポピュラー種のひとつ。養殖個体が大量に輸入され、入手、飼育ともに容易。餌も何でも良く食べてくれるので、初心者でも安心して飼育が楽しめる種類だ。

分布：ブラジル南部
体長：4cm
水温：25〜27℃
水質：弱酸性〜中性
水槽：20cm以上
エサ：人工飼料、生き餌
飼育難易度：やさしい

インパイクティス・ケリー

Inpaichthys kerri

青味の強い体色が美しい美種。光の当たる角度によってブルーに輝くとても美しいカラシン。飼育は容易だが、やや気が荒く、特に同種間では頻繁に小競り合いをする。ある程度まとまった数で飼育するか、水草を多く植えて飼育すると良い。

分布：アマゾン河
体長：5cm
水温：25〜27℃
水質：弱酸性〜中性
水槽：20cm以上
エサ：人工飼料、生き餌
飼育難易度：ふつう

グラス・ブラッドフィン

Prionobrama filigere

古くからのポピュラー種。常にショップで見ることができる透明な魚。昔から透明魚のひとつとして知られており、体全体が透けて見えるのが特徴。飼育も難しくなく初心者にもおすすめだが、状態が悪くなると体が白濁してしまうので、水質などを改善しよう。東南アジアで養殖された個体が大量に輸入されている。

分布：アマゾン河
体長：5cm　水温：25〜27℃
水質：弱酸性〜中性
水槽：20cm以上
エサ：人工飼料、生き餌
飼育難易度：ふつう

ハセマニア

Hasemania nana

シルバーチップの名でも知られる。各ヒレ先端が白く目立つ可愛らしいテトラで、飼育の容易な入門種として初心者向けの魚。東南アジアから養殖個体がコンスタントに輸入される、古くからのポピュラー種でもある。餌は何でも食べる。

分布：ブラジル
体長：5cm
水温：25～27℃
水質：弱酸性～中性
水槽：20cm以上
エサ：人工飼料、生き餌
飼育難易度：やさしい

ラミーノーズ・テトラ

Hemigrammus bleheri

水草レイアウト水槽にぴったり。頭部が真っ赤に染まるのが特徴の、数多くあるテトラの中でも高い人気を誇る美種。水草レイアウト水槽で群泳させるとよく映えるので、10匹単位での購入がおすすめだ。弱酸性の軟水でじっくり飼育したい。

分布：アマゾン河
体長：5cm
水温：25～27℃
水質：弱酸性～中性
水槽：30cm以上
エサ：人工飼料、生き餌
飼育難易度：ふつう

ナノストムス・ベックフォルディ

Nannostomus beckfordi

飼育も容易で熱帯魚の入門種として人気が高いカラシン、ペンシル・フィッシュを代表する美魚。ショップでも常に見ることができる、もっとも輸入量の多いペンシル・フィッシュで、丈夫で飼育しやすい。雌雄の判別も容易で、数ペア飼育すると繁殖も望める。

分布：ギアナ、アマゾン河
体長：4cm　水温：25～27℃
水質：弱酸性～中性
水槽：30cm以上
エサ：人工飼料、生き餌
飼育難易度：やさしい

シルバー・ハチェット

Gasteropelecus sternicla

古くからのポピュラー種で、ハチェットフィッシュとしてはもっともよく知られた種類。その他の種類と比べ、やや大きくなるためか、最近はより小さな種類に人気が移りつつある。餌は何でもよく食べ、飼育も容易だが、沈んだ餌は食べないので、浮上性の餌を与えてやること。よく飛び跳ねるので、水槽の蓋は必須。

分布：ギアナ、ペルー
体長：5cm　水温：25～27℃
水質：弱酸性～中性
水槽：36cm以上
エサ：人工飼料、生き餌
飼育難易度：ふつう

コンゴ・テトラ

Phenacogrammus interruptus

古くから観賞魚として親しまれているアフリカ産のカラシン。やや大きくなるので、余裕のある水槽で飼育すると、ヒレが伸長し、体の輝きも増して、大変見栄えのする魚となる。養殖個体がコンスタントに輸入されているので、安価で購入できる。性質はおとなしく、飼育も容易だ。

分布：中央アフリカ、コンゴ
体長：10cm
水温：25～27℃　水質：中性
水槽：40cm以上
エサ：人工飼料、生き餌
飼育難易度：やさしい

幅広いカラシンの仲間

カラシンの仲間はほとんどの魚が背ビレの後方、尾ビレの手前あたりに脂ビレというヒレを持っています。同じような小型の魚で、どんな種類か迷う時にはこの脂ビレの有無に注目すれば、見分けるのが容易になるはずです。本書では小型のカラシンを中心にご紹介していますが、カラシン目に分類される魚の種類は多く、中にはコロソマやタライロンなど大型の魚もいます。

コイ科の仲間

コイ科の仲間はアジアを中心に熱帯から温帯域まで広く分布している魚たちです。大きさや体型もさまざまで、丈夫で飼いやすい種も多くいます。飼い込むことで美しい体色を見せてくれる魚も多く、初心者でも飼育にチャレンジしやすい魚たちです。

ラスボラ・ヘテロモルファ

Trigonostigma heteromorpha

古くから人気の小型コイ科代表種。丈夫で餌も何でもよく食べ、水質の適応能力も高く飼いやすいので人気が高い。水草レイアウト水槽で飼う魚としても親しまれている。安価で購入できるのも魅力。

分布：マレー半島
体長：4cm
水温：25～27℃
水質：弱酸性～中性
水槽：20cm以上
エサ：人工飼料、生き餌
飼育難易度：やさしい

ラスボラ・エスペイ

Trigonostigma espei

オレンジ色の発色が素晴らしい。ヘテロモルファに似ているが、体高が低く体側のバチ模様はやや細い。また、オレンジ色の発色もより強い。弱酸性の軟水で飼育すると赤みの強い素晴らしい体色を見せてくれる。

分布：タイ、マレーシア、インドネシア
体長：4cm
水温：25～27℃
水質：弱酸性～中性
水槽：20cm以上
エサ：人工飼料、生き餌
飼育難易度：やさしい

ボララス・ブリジッタエ

Boraras brigittae

ボララス属の魚たちは、小型コイ科の中でも特に小型のグループで、このブリジッタエも観賞魚としてはもっとも小さい部類。だが、その小ささに反して、真っ赤な体色は水槽内でも強い存在感を放ち、小型魚ファンの間では人気種となっている。弱酸性の軟水で飼育すると、驚くほど強い赤を見せてくれる。細かな餌さえ用意してやれば、飼育、繁殖も比較的容易だ。

分布：ボルネオ　体長：2,5cm
水温：25〜27℃　水質：弱酸性
水槽：20cm以上
エサ：人工飼料、生き餌
飼育難易度：ふつう

ボララス・ウロフタルモイデス

Boraras urophthalmoides

超小型コイ科のポピュラー種。“ウロフタルマ”の名で古くから知られている、ボララス属のポピュラー種。体側の黒いラインは光の加減で緑色に輝き、雄はその緑がより強く輝き、美しい。小さいので、混泳や給餌には気を使いたい。

分布：カンボジア、タイ
体長：2,5cm
水温：25〜27℃
水質：弱酸性
水槽：20cm以上
エサ：人工飼料、生き餌
飼育難易度：やさしい

ボララス・マクラータ

Boraras maculatus

ウロフタルマと並び、古くから人気の高い小型ボララスのひとつ。体側の大きなスポット模様と赤みの強い体色が特徴だが、この色や模様には個体差があり、赤の色の濃さ、スポットの大きさなどにばらつきが見られる。餌の好き嫌いをせず、飼育は難しくないが、小さな魚なので細かい餌を用意したい。10匹単位の群れで飼育するのがよいだろう。

分布：マレー半島、スマトラ
体長：3cm　水温：25〜27℃
水質：弱酸性　水槽：30cm以上
エサ：人工飼料、生き餌
飼育難易度：やさしい

ミクロラスボラ・ブルーネオン

Microdevario kubotai

もっともポピュラーなミクロデバリオ。人気の美魚。ブルーネオンの名で知られている通り、背部にブルーを発色する小型美魚。この仲間の中では珍しく弱酸性の水質を好み、水草レイアウト水槽で群泳させる魚として人気が高い。時期によっては寄生虫がついていることがあり、輸入状態が悪いことがあるので注意したい。

分布：タイ　体長：3cm
水温：25〜27℃　水質：弱酸性
水槽：20cm以上
エサ：人工飼料、生き餌
飼育難易度：ふつう

スマトラ

Puntigrus tetrazona

ショップでは常に見ることができる、古くから知られる最もポピュラーな熱帯魚のひとつ。以前は長いヒレを持った魚を攻撃する悪癖が有名だったが、最近の魚は以前ほど攻撃的でもない。飼育はとても容易。

分布：スマトラ、ボルネオ
体長：6cm
水温：25〜27℃
水質：弱酸性〜中性
水槽：20cm以上
エサ：人工飼料、生き餌
飼育難易度：やさしい

プンティウス・ペンタゾナ

Desmopuntius hexazona

小型の美しいプンティウス。近縁種が多くコレクション性も高い。状態が良いと赤みが増して素晴らしい体色を見せてくれる。体側のバンドはグリーンメタリックに輝く。現地では綺麗なブラックウォーターの小川に生息しており、弱酸性の水質を好む。性質はおとなしく控えめ。群れで泳がせたい。

分布：マレーシア、ボルネオ、
**　　　インドネシア**
体長：5cm　水温：25〜27℃
水質：弱酸性　水槽：20cm以上
エサ：人工飼料、生き餌
飼育難易度：ふつう

オデッサ・バルブ

Pethia padamya

改良品種と思われたほどの発色を見せる魚。ポピュラーなプンティウスだが、比較的最近になって採集個体が輸入され、種として存在することが判明した。じっくり飼育すると赤の発色が素晴らしい。性質はやや荒いところがある。

分布：ミャンマー
体長：6cm
水温：25～27℃
水質：弱酸性～中性
水槽：20cm以上
エサ：人工飼料、生き餌
飼育難易度：ふつう

チェリー・バルブ

Puntius titteya

チェリーの名の通り真っ赤になる。性質もおとなしく、混泳も問題なくできる誰にでもすすめられる魚だ。飼いこんでいくと、チェリーの名前に相応しい真っ赤な体色を見せてくれる。餌は何でもよく食べる。稀に採集個体が輸入される。

分布：スリランカ
体長：5cm
水温：25～27℃
水質：弱酸性～中性
水槽：20cm以上
エサ：人工飼料、生き餌
飼育難易度：やさしい

ゼブラ・ダニオ

Danio rerio

丈夫で綺麗で価格も安価な熱帯魚。もっともポピュラーな熱帯魚で、入門種的存在。養殖も盛んなため価格も安く、飼育、繁殖ともに容易なことから初心者にもおすすめ。安い魚だが侮れない美しさを持っている。

分布：インド
体長：4cm
水温：23～27℃
水質：中性
水槽：20cm以上
エサ：人工飼料、生き餌
飼育難易度：やさしい

レオパード・ダニオ

Danio rerio var.

とてもポピュラーなダニオで、古い時代にゼブラ・ダニオから改良された改良品種と言われている。ゼブラ・ダニオと同様に安価で飼育は容易で、初心者でも繁殖を楽しめる。

分布：不明
体長：4cm
水温：23〜27℃
水質：中性
水槽：20cm以上
エサ：人工飼料、生き餌
飼育難易度：やさしい

ミクロラスボラ・花火

Celestichthys margaritatus

圧倒的に美しい新属新種の小型種。ファイヤーワークス・ラスボラやギャラクシー・ラスボラなどの名前で知られる、ミャンマー産の美魚。その美しさから、初輸入からアッと言う間に人気定番種となった。

分布：ミャンマー
体長：3cm
水温：25〜27℃
水質：中性〜弱アルカリ性
水槽：20cm以上
エサ：人工飼料、生き餌
飼育難易度：ふつう

ラスボラ・アクセルロディ・ブルー

Sundadanio axelrodi

大変美しく絶大な人気を誇る、"ラスボラ・アクセルロッディ"のひとつ。他のタイプに比べ、環境にそれほど影響されることなくブルーメタリックの体色を発色してくれる。飼育はやや難しい部類。

分布：インドネシア
体長：3cm
水温：25〜27℃
水質：弱酸性
水槽：20cm以上
エサ：人工飼料、生き餌
飼育難易度：やや難しい

サイアミーズ・フライングフォックス

Crossocheilus siamensis

コケを食べる魚としてお馴染みの、水草水槽になくてはならない存在。水槽内や水草のコケを食べてくれるコケ取り魚の中でも、もっとも人気が高いと言っていい種類。その理由は、それ程大きくならないうえ、性格がおとなしく他の魚を攻撃しないため。小さな魚を襲ったりもしないので、小型魚との混泳も可能だ。

分布：タイ、マレーシア、インドネシア
体長：10cm　水温：25〜27℃
水質：中性　水槽：30cm以上
エサ：人工飼料、生き餌
飼育難易度：ふつう

ホンコンプレコ

Pseudogastromyzon cheni

なんとも面白い体形が魅力的なタニノボリと呼ばれる仲間。基本的には石や流木に常にくっついている。水槽内だとガラス面に張り付く姿が面白い。餌は人工飼料もよくたべてくれる。

分布：中国、ベトナム
体長：5〜8cm
水温：21〜26℃
水質：中性
水槽：30cm以上
エサ：人工飼料、生き餌
飼育難易度：ふつう

最大のグループ、コイ科

コイ科の仲間は非常に多く、淡水魚のグループとしては最大です。世界各地に分布しているため、熱帯以外の地域の魚も観賞魚として日本に入ってくることもあります。また、日本産のコイ科の魚の中にもタナゴの仲間など、魅力的な魚種がたくさんいます。また、コイ科の中には体長が２ｍを超えるような大型の種も含まれます。

メダカの仲間

日本に熱帯魚として入ってくるメダカの仲間には、大きく分けて卵生メダカと卵胎生メダカのグループがあります。卵生メダカは普通に卵を産卵するタイプ。一方、卵胎生メダカはメスの体内で卵が孵化して、稚魚の状態で体外に出てくるタイプです。繁殖が容易なタイプも多いので、ぜひ挑戦してみてください。

外産グッピー（レッド・モザイク）

Poecilia reticulata var.

日本のみならず、世界的にもっとも人気のある熱帯魚といえるのがグッピー。熱帯魚を扱うショップでなら、必ずといっていいほど見かける最もポピュラーな熱帯魚でもある。環境や水質の変化などから、輸入直後は弱い面もあるが、日本の水に馴染んでしまえばきわめて丈夫で、繁殖も容易。飼育環境に順応すると、特別なことをしなくてもどんどん殖えていく。

分布：改良品種　体長：5cm
水温：20〜25℃
水質：中性〜弱アルカリ性
水槽：20cm以上
エサ：人工飼料、生き餌
飼育難易度：ふつう

外産グッピー（コブラ）

Poecilia reticulata var.

こちらも、上のレッドモザイクと同じく外産のグッピー。東南アジアで大量養殖されている。写真の品種はコブラ、またはキング・コブラなどの名で呼ばれている古くからのポピュラー品種のひとつ。濃いイエローとグリーンの色彩が最大の魅力だ。とても個性的な品種なので、自分好みの個体を見つけたい。

分布：改良品種　体長：5cm
水温：20〜25℃
水質：中性〜弱アルカリ性
水槽：20cm以上
エサ：人工飼料、生き餌
飼育難易度：ふつう

ブラック・モーリー

Poecilia sphenops

卵胎性で仔を出産する。最大の特徴は全身が真っ黒に染まる体色で、状態良く飼うと背ビレの縁に黄色を発色して思わぬ美しさを見せてくれる。餌は何でもよく食べるが、水槽内に発生する藻類なども食べてくれるので、水草水槽にも適している。飼育、繁殖ともに容易で、可愛らしい真っ黒い稚魚が産まれてくる。

分布：メキシコ　体長：8cm
水温：25〜27℃
水質：中性〜弱アルカリ性
水槽：20cm以上
エサ：人工飼料、生き餌
飼育難易度：ふつう

ハイフィン・ヴァリアタス

Xiphophorus variatus var.

大きな背ビレに改良された、ポピュラーな品種である。最近はオリジナル種を見かける機会が減り、本品種の様なハイフィン・タイプのものが入荷の中心となっている。その他の近縁種と同じく、飼育、繁殖ともに容易で、ビギナーにもおすすめだ。丈夫で活発に泳ぐために混泳水槽にも適している。

分布：改良品種　体長：6cm
水温：25〜27℃
水質：中性〜弱アルカリ性
水槽：20cm以上
エサ：人工飼料、生き餌
飼育難易度：やさしい

プラティ

Xiphophorus maculatus var.

グッピーと並び、最もポピュラーな卵胎性種のひとつで、古くから多くの人に親しまれている。ペアで購入すれば、新しい生命の誕生に立ち会うこともでき、稚魚の可愛らしさが楽しめる。ただし、輸入状態が悪い個体の立ち上げは非常に難しいので、しっかりとトリートメントされたものの購入が絶対条件だ。写真は最もポピュラーなレッド・プラティ。

分布：メキシコ　体長：5cm
水温：25〜27℃
水質：中性〜弱アルカリ性
水槽：20cm以上
エサ：人工飼料、生き餌
飼育難易度：ふつう

ソード・テール

Xiphophorus helleri var.

ポピュラーな熱帯魚のひとつであり、卵胎生魚としてもグッピーやプラティと並ぶメジャーな種類。雄の尾ビレの一部が剣のように伸びることからこの名がある。改良品種で、体色やヒレの形を改良した様々な品種が見られる。性転換することも有名で、その様子を水槽内で観察することもできる。飼育、繁殖ともに容易なのは、近縁の卵胎生魚と同じだが、多少気が荒く、テリトリー意識も強い。

分布：メキシコ　体長：8cm
水温：25〜27℃
水質：中性〜弱アルカリ性
水槽：30cm以上
エサ：人工飼料、生き餌
飼育難易度：やさしい

ジャワ・メダカ

Oryzias javanicus

日本のメダカにも近縁な種類。目は青く発色し、尻ビレが伸長する美しいメダカ。日本のメダカと同じオリジアス属に属する。体高はややあるが頭部はシャープで尖っているのが特徴的。飼育は容易だ。

分布：インドネシア
体長：4cm
水温：24〜27℃
水質：中性
水槽：20cm以上
エサ：人工飼料、生き餌
飼育難易度：ふつう

メコン・メダカ

Oryzias mekongensis

淡い色彩が魅力の超小型のメダカ。尾ビレの上下がオレンジに発色するのが特徴の小型オリジアス。タイ東部やラオスなどのメコン川流域に生息している。非常に小さいので、餌や混泳相手には気を使いたい。

分布：タイ東部、ラオス
体長：2cm
水温：24〜27℃
水質：弱酸性〜中性
水槽：20cm以上
エサ：人工飼料、生き餌
飼育難易度：ふつう

セレベス・メダカ

Oryzias celebensis

状態が良いと黄色の発色が強まる。尾ビレのラインが特徴的なポピュラーな外国産のメダカで、養殖個体がコンスタントに輸入されている。飼育は難しくなく、小型魚同士でなら混泳水槽でも飼育できる。

分布：スラウェシ島
体長：5cm
水温：24～27℃
水質：中性～弱アルカリ性
水槽：20cm以上
エサ：人工飼料、生き餌
飼育難易度：ふつう

アフリカン・ランプアイ

Poropanchax normani

水草水槽で飼う魚として人気。目の上が青く輝く美しい小型魚。群泳させるとさらに美しい。性質はおとなしく飼育は容易。水草中心の混泳水槽での飼育に向いた人気種だ。状態よく飼育すれば繁殖も狙える。

分布：西アフリカ
体長：3cm
水温：25～27℃
水質：中性～弱アルカリ性
水槽：20cm以上
エサ：人工飼料、生き餌
飼育難易度：やさしい

タンガニイカ・ランプアイ

Lacustricola pumilus

目の発色は弱いが体型が可愛い。ランプアイほど目の輝きは強くはないが、可愛らしい丸い尾ビレが特徴的で、黄色く染まるヒレとボディに入るブルーが美しい。アフリカのタンガニイカ湖に生息し、飼育は容易。

分布：タンガニイカ湖
体長：4cm
水温：25～27℃
水質：中性～弱アルカリ性
水槽：20cm以上
エサ：人工飼料、生き餌
飼育難易度：やさしい

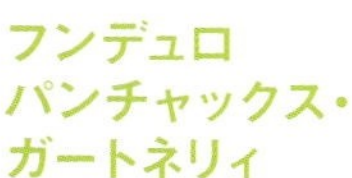

フンデュロパンチャックス・ガートネリィ

Fundulopanchax gardneri

古くから知られる代表的な種類。古くから知られる"卵生メダカ"の代表種。ブリード個体の増加や、飼育器具の向上で飼いやすくなった。最近アフィオセミオン属からフンデュロパンチャックス属に変わった。

分布：ナイジェリア、カメルーン
体長：5cm　水温：23〜26℃
水質：弱酸性
水槽：30cm以上
エサ：人工飼料、生き餌
飼育難易度：ふつう

ノソブランキウス・ラコヴィ

Nothobranchius rachovii

古くから親しまれている美種。ノソブランキウスの代表種で、生きた宝石とも称される。以前はあまり飼いやすい種ではなかったが、ブリード個体ならば水槽飼育に適応しており、容易に飼えるようになった。

分布：モザンビーク
体長：5cm
水温：24〜27℃
水質：中性〜弱アルカリ性
水槽：20cm以上
エサ：人工飼料、生き餌
飼育難易度：ふつう

卵生メダカと卵胎生メダカ

メダカの仲間の中には卵を産む卵生メダカと、メスのお腹の中で卵を孵化させ、稚魚の状態で生まれてくる卵胎生メダカがいます。卵胎生のメダカの仲間は稚魚で生まれてくる＝卵で生まれてくるよりも丈夫ということで、飼育しやすい魚種といえます。そのため、古くからアクアリウムで親しまれていて、さまざまな改良品種も作られています。

シクリッドの仲間

シクリッドの仲間は南米やアフリカに分布し、大きさや体型もさまざまですが、なんといっても繁殖する際の独特な生態がこの魚たちの一番の面白さです。体表から稚魚のための養分を分泌して育てたり、卵を口の中で孵化させる、岩に卵を産み付けて守るといった、独特な生態を見るために、ぜひペアで飼って繁殖に挑戦してほしい魚たちです。

エンゼル・フィッシュ

Pterophyllum scalare

数ある熱帯魚の中も、もっとも有名な熱帯魚のひとつ。美しいフォルムで長きに渡り親しまれている代表的な熱帯魚。改良品種が多く、それらと区別する意味から並エンゼルと呼ばれる。養殖ものの他、現地採集個体も輸入されてくる。落ち着くと丈夫。

分布：アマゾン河
体長：12cm
水温：25〜27℃
水質：弱酸性〜中性
水槽：45cm以上
エサ：人工飼料、生き餌
飼育難易度：やさしい

ディスカス

Symphysodon aequifasciatus spp.

現地採集個体の他にも、ブリードものや、様々な改良品種が作出され、愛好家によるコンテストなども行われている。現在では安価で買えるものも増えているので、誰もが飼育を楽しめる熱帯魚のひとつとなっている。専用の餌も開発され、飼育自体は難しくないが、美しく育てるには難しい部分もあり、ノウハウやコツがいることも。体表からディスカスミルクと呼ばれるミルク状の分泌液を出し、それを稚魚に与えて育てることでも有名。

分布：アマゾン河　体長：18cm
水温：27〜30℃　水質：弱酸性〜中性
水槽：60cm以上
エサ：人工飼料、生き餌
飼育難易度：ふつう

アピストグラマ・トリファスキアータ

Apistogramma trifasciata

コンスタントな輸入がある定番種。5大アピストと呼ばれるメジャー種のひとつで、美しい青い体色と背ビレが美しく伸長する素晴らしいシルエットが魅力。南米からコンスタントに輸入される人気種だ。

分布：パラグアイ水系
体長：6cm
水温：25〜27℃
水質：弱酸性〜中性
水槽：30cm以上
エサ：人工飼料、生き餌
飼育難易度：ふつう

アピストグラマ・ビタエニアータ

Apistogramma bitaeniata

ポピュラーなアピストのひとつ。古くから知られているポピュラー種だが、アピストグラマの中でも最も美しいといわれることもある美種。飼育、繁殖ともに容易なうえ、広域分布種のため地域変異が豊富で、コレクション性が高いのも魅力だ。

分布：アマゾン河広域
体長：8cm
水温：25〜27℃
水質：弱酸性〜中性
水槽：30cm以上
エサ：人工飼料、生き餌
飼育難易度：やさしい

"パピリオクロミス"・ラミレジィ

Mikrogeophagus ramirezi

古くから親しまれている小型種。可愛らしく、飼育、繁殖ともに容易。しかも綺麗と、3拍子揃った人気種。現地採集ものはあまりないが、東南アジアやヨーロッパで養殖されたものが大量に輸入され、改良品種なども作出されている。

分布：コロンビア
体長：7cm
水温：25〜27℃
水質：弱酸性〜中性
水槽：30cm以上
エサ：人工飼料、生き餌
飼育難易度：やさしい

ブルーダイヤモンド・ラム

Mikrogeophagus ramirezi var.

ターコイズ・ディスカスばりのブルーの発色に驚かされた、新しく作出された品種。コバルトブルー・ラムという名前で流通していることもある。最初は高価だったものの、高い人気に答えるように輸入量も増え、徐々に価格も落ち着いてきている。ラミレジィには本品種以外にも多くの改良品種があるが、飼育、繁殖についてはそれらと変わらない。寸詰まったバルーンタイプもいる。

分布：改良品種　体長：7cm
水温：25～27℃　水質：弱酸性～中性
水槽：30cm以上
エサ：人工飼料、生き餌
飼育難易度：やさしい

チェッカーボード・シクリッド

Dicrossus filamentosus

南米産小型シクリッドの代表種。尾ビレのライアーテールが美しい、南米産小型シクリッドの中でも人気の高い魚。性質もおとなしく、水質の急変を避ければ飼育は難しくないが、繁殖は少々難しい。名前の由来は、体側のチェック模様から。

分布：アマゾン河、ネグロ川
体長：8cm
水温：25～27℃
水質：弱酸性～中性
水槽：30cm以上
エサ：人工飼料、生き餌
飼育難易度：ふつう

ペルヴィカクロミス・プルケール

Pelvicachromis pulcher

入手容易なアフリカ産小型シクリッド。東南アジアで養殖されたものが、コンスタントかつ大量に輸入されている古くからのポピュラー種で、飼育、繁殖ともに容易。腹部中央付近にピンク色を発色して美しくなる。

分布：ナイジェリア、カメルーン
体長：10cm
水温：25～27℃
水槽：30cm以上
エサ：人工飼料、生き餌
水質：弱酸性～中性

アノマロクロミス・トーマシィ

Anomalochromis thomasi

水草レイアウト水槽には欲しい。有名なアフリカ産のドワーフ・シクリッドのひとつで、全身にブルーのスポットが散りばめられた体色が美しい。水槽内にはびこる貝を食べてくれることでも知られている。

分布：シェラレオーネ
体長：7cm
水温：25〜27℃
水槽：30cm以上
エサ：人工飼料、生き餌
水質：弱酸性〜中性

ジュリドクロミス・オルナトゥス

Julidochromis ornatus

ジュリドクロミス属の代表種。タンガニイカ湖産のシクリッドの中でも古くからのポピュラーな魚。飼育、繁殖ともに容易で、水槽内に岩組みなどを入れておくと、知らない間に稚魚が泳いでいることも。繁殖時の気性は荒い。

分布：タンガニイカ湖
体長：8cm
水温：25〜27℃
水槽：45cm以上
エサ：人工飼料、生き餌
水質：中性〜弱アルカリ性

シクリッドの子育て

シクリッドの仲間には独特な子育てをする魚が数多くいます。ディスカスは体表からディスカスミルクと呼ばれる栄養分を分泌し、稚魚を体に纏って子育てをしますし、産んだ卵を口に含んで、稚魚が大きくなるまで口の中で保護するマウスブルーダーと呼ばれる魚もいます。岩などに卵を産み付けるアピストグラマの仲間も孵化するまで一生懸命卵を守る姿を見せてくれます。シクリッドの仲間を飼うのであれば、ぜひペアで飼って繁殖に挑戦してみてください。

ナマズの仲間

ちょっと愛嬌のある姿の魚が多いナマズの仲間はアクアリウムでも人気者。水槽の底近くを泳ぐ種類が多いものの、中には遊泳性が高いナマズもいます。種類が多く、コレクション性が高いのもナマズの仲間の魅力。お気に入りのナマズを探してみても面白いかもしれません。

コリドラス・アエネウス

Corydoras aeneus

"赤コリ"の名で、どこのショップでも販売されている非常にポピュラーなコリドラス。東南アジアで養殖された個体が大量に輸入されており、安価で入手できる。飼育、繁殖はともに容易で、ビギナーでも繁殖まで楽しめる。数は少ないが、現地採集のワイルド個体も輸入されてくる。広域分布種のため、採集地によってバリエーションがみられる。マニアックに楽しめる種類でもあるのだ。

分布：ベネズエラ、ボリビア
体長：6cm　水温：25〜27℃
水質：中性　水槽：20cm以上
エサ：人工飼料、生き餌
飼育難易度：やさしい

コリドラス・トリリネアートゥス

Corydoras trilineatus

ポピュラーなコリドラスのひとつ。近似種が多いため、ジュリィやプンクタートゥスなどと混同されることが多く、ほとんどはジュリィの名で売られている。養殖個体も多く輸入される、ポピュラーなコリドラスだ。飼育はとても容易である。

分布：エクアドル、ペルー
体長：5cm　水温：24〜27℃
水質：中性
水槽：20cm以上
エサ：人工飼料、生き餌
飼育難易度：やさしい

コリドラス・パンダ

Corydoras panda

誰にでも愛される人気の高い種類。数多いコリドラスの中でも、特に人気の高い種類。最近は流通するほとんどがブリード個体で、安価で購入できる。現地採集個体は、輸入直後は状態が大変不安定で、落ち着くまで多少時間がかかる。

分布：ペルー
体長：5cm
水温：24〜27℃
水質：弱酸性〜中性
水槽：20cm以上
エサ：人工飼料、生き餌
飼育難易度：ふつう

コリドラス・アドルフォイ

Corydoras adolfoi

コリドラスブームの火付け役。肩に明るいオレンジ色を発色する美しいコリドラスで、その後のコリドラスブームを引き起こすきっかけとなった種類でもある。最近ではブリード個体が多く見られるが、たまにワイルド個体が輸入される。

分布：ネグロ川
体長：5cm
水温：24〜27℃
水質：弱酸性〜中性
水槽：20cm以上
エサ：人工飼料、生き餌
飼育難易度：ふつう

コリドラス・アークアトゥス

Corydoras arcatus

コレクション性の高いコリドラス。アーチ状の模様が特徴のコリドラスで、アークの名で古くから親しまれているポピュラー種。コンスタントに輸入されているが、採集地の違いなどによるバリエーションも見られる他、本種に似たマニアックな種類も多く、コリドラス・マニアへの入り口的存在と言える。飼育は容易だ。

分布：ペルー　体長：5cm
水温：24〜27℃　水質：弱酸性〜中性
水槽：20cm以上
エサ：人工飼料、生き餌
飼育難易度：やさしい

コリドラス・シミリス

Corydoras similis

以前の通称は"バイオレット"。カウディマクラートゥスに似たカラーパターンだが、尾柄部のスポットが大きく、紫がかっていることで区別できる。飼育は難しくないが、体色を引き出すのは難しい。現在は養殖個体がメインとなっている。

分布：ジャル川
体長：5cm
水温：24～27℃
水質：弱酸性～中性
水槽：20cm以上
エサ：人工飼料、生き餌
飼育難易度：ふつう

コリドラス・ステルバイ

Corydoras sterbai

オレンジ色の胸ビレが美しい。胸ビレ周辺に発色するオレンジ色の美しい色彩と、飼いやすさで人気のコリドラス。現地採集個体も輸入されるが、最近では養殖個体が中心となっている。最近ではアルビノを固定した品種もみられる。

分布：グァポレ川
体長：6cm
水温：24～27℃
水質：弱酸性～中性
水槽：20cm以上
エサ：人工飼料、生き餌
飼育難易度：やさしい

ナマズと体型

コリドラスなど、アクアリウムの世界でも人気の高いナマズの仲間ですが、水槽の底のほうにいる魚ばかりではありません。遊泳性の高いナマズもいますし、プレコのように岩や流木などに吸い付いてとどまるタイプもいます。概していえることは、その生息地に合わせた体の特徴や体型をもっていること。体型をみることで、なんとなくどんな動きをするナマズなのか、想像することができるのです。ショップなどでナマズの仲間を見つけたら、チェックしてみましょう。

セイルフィン・プレコ

Glyptperichtys gibbiceps

コケ取りとして扱われるポピュラー種。東南アジアで大量養殖されたものがコンスタントに輸入されており、安価で購入することが可能。コケ取り用として買う人も多いが、成長が速くかなり大型になるので注意が必要だ。飼育は容易。

分布：ネグロ川
体長：50cm
水温：25〜27℃
水質：中性
水槽：60cm以上
エサ：人工飼料
飼育難易度：やさしい

タイガー・プレコ

Panaqolus sp.

混泳水槽でも飼育可能な小型プレコ。小型プレコの代表種として古くから知られている。テリトリー意識は強く、同種、他種関わらず小競り合いはするが、体の小ささのためか、他のプレコに比べるとおとなしく感じる。飼育は難しくない。

分布：コロンビア、ベネズエラ
体長：12cm
水温：25〜27℃
水質：中性
水槽：30cm以上
エサ：人工飼料
飼育難易度：ふつう

キングロイヤル・プレコ

Hypancistrus sp.

模様は個体差があり、美しい個体を探す楽しみがある。小型プレコとしてはインペリアルゼブラ・プレコと双璧をなす美種。黒と白のネットワーク模様は、採集地によるバリエーションもみられるが、かなり個体差が大きく、入荷時を狙ってチェックすれば美しい個体を入手できるだろう。比較的丈夫で、飼育は容易。植物質のエサを好むが、プレコ用の人工飼料中心でも大丈夫だ。

分布：アマゾン河　**体長：**12cm
水温：25〜27℃　**水質：**中性
水槽：30cm以上　**エサ：**人工飼料
飼育難易度：ふつう

インペリアルゼブラ・プレコ

Hypancistrus zebura

随一の美しさを持つ人気種。熱帯魚として流通するものの中でも、もっとも美しいもののひとつ。最近は輸入量が極端に減り、入手は難しくなったが、国内やドイツで繁殖されたものが少量出回っている。うまく飼えば繁殖も狙える。

分布：シングー川
体長：8cm
水温：25～27℃
水質：中性
水槽：30cm以上
エサ：人工飼料
飼育難易度：ふつう

ミニ・ブッシー

Ancistrus sp.

スポット模様が美しい小型アンキストルスの1種。小型水槽でも飼えるので水草水槽でも人気。ヨーロッパから輸入されてくるアンキストルス属の幼魚。5cmほどの小さなものだが、成魚になっても小さい訳ではなく、“ミニ”の名前もあくまで幼魚時だけのもの。しかし、そのサイズから、小型水草レイアウト水槽などにコケ取りとして入れられることもある。水草への影響は少ない。

分布：不明　体長：8cm
水温：25～27℃　水質：中性
水槽：20cm以上　エサ：人工飼料
飼育難易度：やさしい

オトシンクルス

Otocinclus vittatus

代表的なコケ取りの人気種。コケを好んで食べるため、コケ取りとして水槽に導入されることが多い人気種。飼育自体は難しくないが、輸入状態の悪いことが多く注意が必要。オトシンの名で売られる、最も一般的なオトシンクルスだ。

分布：アマゾン河
体長：5cm
水温：24～27℃
水質：弱酸性～中性
水槽：20cm以上
エサ：人工飼料
飼育難易度：ふつう

トランスルーセント・グラスキャット

Kryptopterus bicirrhis

全身が透き通った小型ナマズ。透き通った体を持つ不思議な熱帯魚として古くから知られているポピュラー種。ナマズには珍しい昼行性で、群れで中層付近を漂うように泳ぐ。飼育は容易で、性質もおとなしい。人工飼料の食い付きも良い。

分布：タイ
体長：8cm
水温：25～28℃
水質：中性
水槽：20cm以上
エサ：人工飼料、生き餌
飼育難易度：ふつう

サカサ・ナマズ

Synodontis nigriventoris

逆さに泳ぐ魚として誰もが知る有名な熱帯魚。群れで飼うと連なって泳ぐ様が観察できる。腹を上に向けて逆さ泳ぎをするナマズとして有名。シノドンティスの仲間の中では最もポピュラーな種類だ。協調性の無いものが多いシノドンティスの中ではおとなしく、同種、他種との混泳が可能。

分布：コンゴ川
体長：8cm
水温：25～27℃
水質：弱酸性～中性
水槽：30cm以上
エサ：人工飼料、生き餌
飼育難易度：ふつう

レッドテール・キャット

Phractcephalus hemioliopterus

ハイレベルな美しさを持った有名な大型ナマズ。大きくなると、背ビレや尾ビレに赤を発色し、非常に見栄えのする魚となる。しかし、混泳水槽では同居魚を攻撃したり、食べてしまったりすることが多い。かなり大きな魚でも食べてしまうので、油断はできない。できれば単独飼育がお勧めだ。1mを超えるサイズになる。

分布：アマゾン河　体長：100cm以上
水温：25～27℃　水質：中性
水槽：150cm以上
エサ：人工飼料、生き餌
飼育難易度：ふつう

アナバスの仲間

アナバスの仲間は東南アジアに分布して、ラビリンス器官と呼ばれる、エラとは異なる呼吸器官をもちます。そのため酸欠に強く飼いやすい魚種が多いのも特徴です。またグーラミィやベタなど美しい魚種も多く、日本でも古くからタンクメイトとして親しまれています。

ドワーフ・グーラミィ

Trichogaster lalius

古くからポピュラーな魚であり、色彩の綺麗さ、可愛らしさから人気の高いグーラミィの1種。養殖されたものがコンスタントに輸入されているので、常に見ることができ、安価で購入できる。飼いやすく、性質も温和。水草を植えた水草で小型魚と混泳するのに最適な種類。繁殖は稚魚が小さいため、その初期飼料さえ何とかできれば、比較的容易だ。

分布：インド、バングラデシュ
体長：5cm　水温：25〜28℃
水質：弱酸性〜中性
水槽：20cm以上
エサ：人工飼料、生き餌
飼育難易度：やさしい

コバルト・ドワーフ・グーラミィ

Trichogaster lalius var.

奇形による体型異常が多いので購入時には注意して選びたい。ネオン・ドワーフ・グーラミィの青さをさらに強化改良した品種。オレンジのラインが殆どなく、全身、ヒレの先までがブルー1色に包まれるインパクトの強い品種。飼育はオリジナル種同様容易だが、輸入状態が悪いことが多く、入荷直後は若干弱い面がある。落ち着いてしまえば問題ない。

分布：改良品種　体長：5cm
水温：25〜28℃　水質：弱酸性〜中性
水槽：20cm以上
エサ：人工飼料、生き餌
飼育難易度：やさしい

スリースポット・グーラミィ

Trichopodus trichopterus

ブルー・グーラミィとも呼ばれる。古くから知られる非常にポピュラーなグーラミィで、本種をベースに様々な改良品種が作出されている。名前の由来でもある体側のスポットが特徴だが、養殖個体では薄れてきている。飼育は容易。

分布：東南アジア　体長：10cm
水温：25〜29℃
水質：弱酸性〜中性
水槽：30cm以上
エサ：人工飼料、生き餌
飼育難易度：やさしい

ゴールデン・グーラミィ

Trichopodus trichopterus var.

飼育が容易で初心者にもおすすめ。スリースポット・グーラミィの改良品種のひとつで、黄化個体を固定したもの。これらの改良品種は東南アジアで養殖されたものが大量輸入され、安価で購入することができる。餌も何でも食べ、飼育は容易。

分布：改良品種　体長：10cm
水温：25〜29℃
水質：弱酸性〜中性
水槽：30cm以上
エサ：人工飼料、生き餌
飼育難易度：やさしい

パール・グーラミィ

Trichopodus leeri

水槽の主役になれる魅力を持つ。全身にちりばめられたスポット模様が美しい、アナバスの仲間の代表的な美魚として、古くから人気の高いポピュラーな熱帯魚。成長すると尻ビレが伸長し、見事な姿となる。できれば60cm以上の水槽で飼育したい。

分布：マレー半島、スマトラ島、ボルネオ島
体長：12cm
水温：25〜29℃
水質：弱酸性〜中性
水槽：45cm以上
エサ：人工飼料、生き餌
飼育難易度：やさしい

キッシング・グーラミィ

Helostoma temminckii var.

キスする魚として古くから有名。口と口を合わせるキスをするような行動が面白い人気種だが、そのキスは実は威嚇行動の一種。大きく成長し、やや気も荒いので混泳には注意が必要。できれば飼育には45cm以上の水槽が欲しい。飼育は容易。

分布：改良品種　体長：20cm
水温：25〜29℃
水質：弱酸性〜中性
水槽：36cm以上
エサ：人工飼料、生き餌
飼育難易度：やさしい

チョコレート・グーラミィ

Sphaerichthys osphromenoides

マニアに人気の高い熱帯魚。マニアを中心に人気の高い魚で、コンスタントに輸入されている。しかし、輸入状態が悪いと飼育は難しい。弱酸性の軟水を常にキープし、単独種飼育が望ましい。採集地によって色味に差が見られる。

分布：マレー半島南部、スマトラ島
体長：5cm　水温：25〜28℃
水質：弱酸性
水槽：30cm以上
エサ：生き餌
飼育難易度：難しい

スファエリクティス・バイランティ

Sphaerichthys vaillanti

この仲間はメスの方が派手。以前は輸入のなかった幻の魚だったが、最近では少量ではあるもののコンスタントな輸入がある。チョコレート・グーラミィの仲間としては飼育が容易で、繁殖も狙える。状態がいいと非常に美しくなる。

分布：ボルネオ島
体長：6cm　水温：25〜28℃
水質：弱酸性
水槽：30cm以上
エサ：生き餌
飼育難易度：やや難しい

トラディショナル・ベタ

Betta splendens var.

もっとも一般的なベタ。豪華なフォルムと鮮やかな色彩が見る者を魅了する。熱帯魚ショップでよく見掛ける、ビンやコップに入って売られているのがこの魚。ベタ・スプレンデンスを改良したロングフィンタイプで、ポピュラーなベタとして古くから親しまれている。闘争心がとても強く、オスを同じ水槽に入れると激しく争い、相手を殺してしまうため、同種間での混泳はできない。ビンで一匹ずつ管理されているのも、そのためだ。混泳にさえ気をつければ飼育はとても容易である。水換えをしっかりすれば、小さな容器でも飼育が可能だが、ビンやコップでの飼育はお勧めしない。

分布：改良品種　体長：7cm
水温：23〜28℃　水質：弱酸性〜中性　水槽：20cm以上　エサ：人工飼料、生き餌
飼育難易度：やさしい

ソリッド・レッド

ソリッドと呼ばれる単色系の代表品種。誰もが美しいと思う真っ赤な体色を持っている。個体差がないように見えるのだが、個体それぞれが違うものを持っているのが面白い。

ダブルテール

ダブルテールと呼ばれる尾ビレが2つに分かれた品種。ダブルテールの品種は背ビレの条数が多く、より豪華な印象なのが特徴だ。

クラウンテール

ブルーとレッドのカラーバランスが良い品種。王冠のようなヒレを大切にするために、日常の水質管理をしっかり行うようにする。

ショー・ベタ

Betta splendens var.

ヒレが見事な最高峰の改良品種。ヒレの美しさの維持など飼育はやや難しい。一般的に販売されるトラディショナル・ベタをベースに、ヒレや体形、色彩を改良し、コンテストなどで競い合えるクオリティに仕上げたものがショー・ベタだ。ベタの改良品種の最高峰の位置づけとなる。尾ビレの条数が多くされ、大きく広がるヒレが特徴。現在は尾ビレが半月状に広がるハーフムーンと呼ばれる品種が人気。そのヒレを美しく保つのは難しい。価格は品種のランクによって異なる。写真の個体はソリッド・レッド。

分布：改良品種　体長：7cm
水温：24〜28℃　水質：弱酸性〜中性
水槽：20cm以上
エサ：人工飼料、生き餌
飼育難易度：やや難しい

プラガット *Betta splendens var.*

ワイルド・ベタが好きな人にも人気が高い、美しさとワイルドさを兼ね備えた魚。元はタイで闘魚として作出されたもので、その中から色彩的に優れた個体を観賞用に移行した魚達である。観賞用プラガットはショートフィンとも呼ばれ、タイではポピュラーな観賞魚である。日本でも最近は輸入量も増え、多くの品種を見ることができる。ロングフィンのベタと同様、さまざまな色彩のものがいる。もともと好戦的な闘魚なので単独飼育が鉄則。小さなケースでも飼育可能だが、こまめな水換えなど少々コツが必要なので、水換え用の溜め水を用意しておくとよいだろう。飼育自体は難しくない。

分布：改良品種　体長：7cm　水温：24〜28℃　水質：弱酸性〜中性　水槽：20cm以上　エサ：人工飼料、生き餌
飼育難易度：やさしい

パイナップル・イエロー

イエロー系のプラガットも素晴らしい個体が多い。この品種は各鱗に黒を発色するので、とてもメリハリのある体色になっている。

エレファントイヤー

2011年に登場した新しい品種の1つで、作出国のタイでは、胸ビレを象の耳に見立て、象を意味するチャーン・ベタと呼ばれる。

ベタ・イムベリス

Betta imbellis

ポピュラーなワイルド・ベタ。改良品種以外のベタ属の魚はワイルド・ベタと呼ばれているが、その中でも本種は古くから輸入されている種類だ。地域変異が見られ、数タイプが知られる。体色を引き出すには、弱酸性の軟水で飼育したい。

分布：タイ、マレーシア
体長：5cm
水温：25〜28℃
水質：弱酸性
水槽：20cm以上
エサ：人工飼料、生き餌
飼育難易度：ふつう

ベタ・スマラグディナ

Betta smaragdina

タイを代表するワイルド・ベタ。状態良く飼うとブルーグリーンの発色が強くなる美しいワイルド・ベタ。採集地によって差が見られるため、採集地の名が付いて輸入される。ベタの中では穏和だが、やはりペアで飼育したい魚である。

分布：タイ、ラオス
体長：6cm　水温：25〜28℃
水質：弱酸性
水槽：20cm以上
エサ：人工飼料、生き餌
飼育難易度：ふつう

ベタ・シンプレックス

Betta simplex

小型マウスブルーディング・ベタ。クリアウォーターの環境であるタイ南部のクラビに生息し、生息地は弱アルカリ性の水質だが、中性前後の水質で問題なく飼える。この仲間の中では輸入量が多く、比較的コンスタントに輸入されている。

分布：タイ
体長：6cm　水温：23〜28℃
水質：中性〜弱アルカリ性
水槽：20cm以上
エサ：人工飼料、生き餌
飼育難易度：ふつう

その他の熱帯魚たち

カラシンやシクリッドといったグループに属さない魚の中にも、まだまだ素敵な魚たちがたくさんいます。レインボーフィッシュや淡水フグ、そして汽水域に生息する魚の仲間を少しだけご紹介しましょう。

ネオンドワーフ・レインボー

Melanotaenia praecox

メラノタエニア属のレインボー・フィッシュとしては、もっとも小さく、人気の高い種類。水草を食べず、サイズもそれほど大きくならないので、レイアウト　水槽にピッタリの魚と言え、それが人気の理由ともなっている。成長と共に体高が出て、円に近い体形になった個体は迫力がある。以前は高価だったが、盛んに養殖されており、現在は手軽に買える価格になっている。丈夫で飼いやすい。

分布：パプアニューギニア
体長：6cm　水温：25〜27℃
水質：中性　水槽：30cm以上
エサ：人工飼料、生き餌
飼育難易度：やさしい

マックローチ・レインボー

Melanotaenia arfakensis

飼いこむとわかる驚きの美しさ。同属の他種とはやや異なる雰囲気を持った種類で、その他の種類がひと目見ただけで分かる派手な体色をしているのに対し、本種は一見地味。しかし、飼いこむと、鮮やかな色を発色し、大変美しくなる。

分布：オーストラリア北西部
体長：10cm　水温：25〜27℃
水質：中性
水槽：30cm以上
エサ：人工飼料、生き餌
飼育難易度：やさしい

ハーフオレンジ・レインボー

Melanotaenia boesemani

メラノタエニア属の代表種。レインボー・フィッシュの代表的な仲間がメラノタエニア属の魚。10cmほどになるため、大型の水草水槽などで群泳させると見栄えがする。水草を食べないのも魅力だ。性質もおとなしく、混泳も問題ない。

分布：パプアニューギニア
体長：10cm
水温：25〜27℃
水質：中性
水槽：45cm以上
エサ：人工飼料、生き餌
飼育難易度：やさしい

ポポンデッタ・レインボー

Pseudomugil furcatus

明るい黄色の発色が美しい。以前はポポンデッタ属として扱われていたため、その名が定着している。シュードムギル属のレインボー・フィッシュとしては、最も輸入量の多いポピュラーな種類で、入手も容易だ。飼育も難しくない。

分布：パプアニューギニア
体長：5cm　水温：25〜27℃
水質：中性　水槽：20cm以上
エサ：人工飼料、生き餌
飼育難易度：やさしい

バタフライ・レインボー

Pseudomugil gertrudae

ヒレを広げた姿が素晴らしい、小型レインボー・フィッシュを代表する美魚。採集地によって様々なバリエーションが知られている。体色や胸ビレの色彩によって、イエロータイプやホワイトタイプに分けられているが、その要素も不確定だ。一見弱そうに見えるが、見た目に反し、丈夫で飼育は容易。水草を多く植えた水槽でじっくり飼いたい。

分布：パプアニューギニア
体長：3cm　水温：25〜27℃
水質：中性　水槽：20cm以上
エサ：人工飼料、生き餌
飼育難易度：ふつう

シュードムギル・ティミカ

Pseudomugil sp.

赤い体色が魅力の、バタフライ・レインボーの近縁種。赤いバタフライ・レインボーといった印象の魚で、全体的に赤く発色する。飼育はバタフライ・レインボーと同様で難しくはないが、水質は弱酸性の軟水、やや色付いた水で飼育すると赤の発色が強くなる。

分布：パプアニューギニア
体長：3cm　水温：25～27℃
水質：中性　水槽：20cm以上
エサ：人工飼料、生き餌
飼育難易度：ふつう

ニューギニア・レインボー

Iriatherina werneri

シルエットが素晴らしい魚。東南アジアで養殖された個体が盛んに輸入されている、独特の伸長するヒレが特徴の小型レインボー・フィッシュのポピュラー種。飼育は容易だが、口が小さいので餌の工夫と、ヒレを齧られないよう注意したい。

分布：ニューギニア南部
体長：5cm　水温：25～27℃
水質：中性
水槽：20cm以上
エサ：人工飼料、生き餌
飼育難易度：ふつう

セレベス・レインボー

Telmatherina ladigesi

古くから知られている美種。透明感のある体に、ブルーのラインが乗り、黄色い伸長するヒレがとても美しいレインボー・フィッシュ。スラウェシ産だが、売っているものは中性前後の水で問題なく飼える。何でもよく食べ、飼いやすい。

分布：スラウェシ
体長：5cm　水温：25～27℃
水質：中性　水槽：20cm以上
エサ：人工飼料、生き餌
飼育難易度：ふつう

ロングフィン・グラスエンゼル

Gymnochanda filamentosa

インドネシアに生息する美しいヒレの透明魚。飼育は難しくない。全身が透き通った体と、驚く程に伸長するヒレを持つ美しい魚。とにかく長く伸びたヒレが素晴らしく、それが人気の理由ともなっている。このヒレは輸入時にはすでに伸長している。他のグラス・フィッシュと同様、飼育は難しくないが、ヒレを齧ってしまう魚との混泳は避けた方が良い。

分布：インドネシア
体長：4cm　水温：25～27℃
水質：弱酸性～中性
水槽：20cm以上
エサ：人工飼料、生き餌
飼育難易度：ふつう

ゴールデン・デルモゲニー

Dermogenys pusillus var.

東南アジアでは水路や小川などでよく見られる卵胎生の小型サヨリの1種で、観賞魚としても古くから知られている。水面に近い場所で、常に水面付近を漂うように泳いでいる。比較的コンスタントに輸入されており、入手、飼育ともに容易。本種はデルモゲニーのゴールデン・タイプであるが、ノーマル体色のものよりも、こちらの方が輸入量が多く、よりポピュラーな存在となっている。

分布：タイ、マレーシア
体長：5cm　水温：25～27℃
水質：中性　水槽：20cm以上
エサ：人工飼料、生き餌
飼育難易度：ふつう

ドワーフ・ピーコックガジョン

Tateurndina ocellicauda

非常に華やかな美しさを持った小型ハゼの1種。繁殖も楽しめる。ハゼの仲間の中でも特別美しい体色を持った種類で、かつてはやや高価だったが、現在ではブリード物が出回り、比較的安価で入手することができる。丈夫で飼いやすく、水槽内で繁殖まで楽しめる。メスはオスほど鮮やかではないので雌雄の判別も簡単だ。餌は何でも食べる。飼育も容易。

分布：タイ、マレー半島、インド
体長：8cm　水温：25～27℃
水質：中性　水槽：30cm以上
エサ：生き餌、人工飼料
飼育難易度：ふつう

アベニー・パファー

Carinotetraodon travancorius

世界最小のフグ。繁殖も楽しめる。
小さく可愛らしい姿から人気になった世界最小のフグ。淡水で飼育できるため、水草水槽で飼育できるのも魅力。比較的おとなしく、群れで生活する種類のため複数飼育も可能。水槽内で繁殖も楽しめる。

分布：インド
体長：4cm
水温：25〜27℃
水質：弱酸性〜中性
水槽：20cm以上
エサ：生き餌、人工飼料
飼育難易度：ふつう

ハチノジフグ

Tetraodon steindachneri

背中の模様が名前の由来。古くからポピュラーな代表的な淡水フグで、背中に8のような模様があることからこの名がある。飼育には多少の塩分を加えた方が良い。ヒレを噛み合うので混泳には向かない。

分布：タイ、インドネシア
体長：10cm
水温：25〜27℃
水質：弱アルカリ性
水槽：36cm以上
エサ：生き餌、人工飼料
飼育難易度：ふつう

古代魚の仲間

今回はアクアリウムのビギナー向けの魚を中心にご紹介しているので、取り上げていませんが、アクアリウムで高い人気を誇るものに古代魚の仲間がいます。化石などにみられる形質を現代まで持ち続けている魚のことで、アロワナやポリプテルスなどの魚種がこれに含まれます。大型になる種が多く、また肉食性の高い魚が中心です。

Chapter4

熱帯魚の病気と健康管理

熱帯魚も生き物ですから、体調を崩したり、病気になったりすることもあります。この章では熱帯魚の健康管理について見ていきましょう。

熱帯魚の病気について

病気は早期発見が大切

魚も病気にかかることがあります。もちろん、そうならないように健康管理してあげることが一番良いのですが、万が一病気にかかった場合、できるだけ早期に発見することが大切です。特に新しく購入してきた魚を水槽に入れたときは要注意です。魚のトリートメントをしっかりしているショップから購入した場合であれば心配は不要ですが、そうでない場合、購入したての魚を水槽に入れるのは避けなければいけません。水槽の置き場所に余裕があれば、「トリートメント・タンク」と呼ばれる購入してきた魚のトリートメントに使用する水槽を用意するのが最も安全で良い方法です。その中で、一定期間健康状態を見てから、メインの水槽に移すのが理想です。しかし、簡単には複数の水槽を用意できないでしょうから、しっかりとトリートメントを行なっているショップで購入することが大切になります。

水槽内の中を観察していて、上の表にあるような状態の魚を見つけたら危険信号です。病気が他の魚に感染することもあるので、これらの魚を発見したら速やかに隔離した方がよく、そのうえで病気

魚の病気チェック表

☑	泳ぎ方がいつもと違う。
□	餌をあまり食べなくなった。
□	体色が悪くなった。 (つやがなくなったなど)
□	流木などに体をこすりつけている。
□	呼吸が速くなっている。
□	目が曇っている。
□	体が赤くなっている。
□	ヒレをたたんでしまっている。
□	体に付着物がある。
□	ヒレが溶けたり、白く濁っている。

混泳水槽で病気の魚を発見したら、他の魚に感染するのを防ぐためにもすぐに隔離が鉄則。

病気が蔓延した場合、水槽に直接塩を投入する場合もあるが、その場合は水草への影響はあきらめるしかない。

に合わせた治療を行います。治療にはプラケースなどを使用するとよいでしょう。ただし、プラケースに入る水量が少ないので水質が悪化しないように気をつけます。

病気が出たら予防策も

発病した魚の処置が終わっても、そこで終了ではなく、水槽の環境の改善をしなくてはいけません。多くの場合、病気になったのは水槽内の環境が悪かったのが原因だからです。他の魚のために水槽内の環境の改善をしておかなくては、すぐに他の魚が発病してしまいます。また、飼育水槽内には病原菌などが繁殖している可能性があるので、病気を発症していなくても魚は危険な状態といえます。右の病気が出やすい環境チェック表を見ながら、改善できるところは改善します。

多くの場合、水槽内のフィルターの汚れや水質などが改善されれば大丈夫ですが、発病した魚が多かった場合は必ず予防対策も行いましょう。予防には規定量の半分程度の塩や薬品を使用すると良いでしょう。

病気の出やすい環境

病気の出やすい環境
❶新しく購入してきた魚を、そのまま水槽に入れたとき。
❷水換えを怠ったとき。
❸フィルターの清掃を怠ったとき。
❹水温の変化が激しいとき。
❺水換えのとき急激な水質変化があったとき。
❻餌を与え過ぎ、残餌が蓄積されたとき。
❼体に付着物がある。
❽ヒレが溶けたり、白く濁っている。

魚の病気と対処法

ここではおもな熱帯魚の病気の症状と、その対処法をご紹介します。魚の病気の治療としては、温度管理と塩や魚病薬での対処が基本となります。また、病気の魚はほかの魚から隔離することが前提ですので、隔離用に使うプラケースや水槽をあらかじめ用意しておくと便利です。

◆白点病

水温や水質が急変したときや、特に低水温のときに見られる病気。そのためヒーターを外した春から初夏に発病しやすくなってしまう。体に白い小さな白点が付着し、症状が悪化すると体全体が白点で覆われてしまう。このことから白点病と呼ばれる。この病原体は高水温に弱いので、水温を30℃くらいに上げる。水質と水温の急変に注意し、グリーンFや塩を入れ治療する。

◆尾腐れ病（ヒレ腐れ病）

低水温のときや移動などによって体表が擦れた場合、または他の魚に咬まれた時などに傷口から発病する病気。放っておくとヒレや唇が白くなり、症状が悪化するとヒレがすべて溶けて尾筒にまで進行する。こうなると手のほどこしようがないので、初期状態のときに塩やフラン剤系の薬を使用して薬浴するのがよい。やはり、初期段階の治療が大切。

◆水カビ（綿かぶり病）

ちょっとした傷に病原体が寄生し、綿をかぶったようになってしまう病気。他の魚にいじめられている魚がいたり、網ですくったときに暴れて傷ついてしまったりしたら、予防として薬品を投与するとよい。魚を扱うときはくれぐれも慎重に。初期状

態のときに塩やグリーンFなどを使用して薬浴するとよい。

◆エロモナス症

松傘病やポップアイ、穴あき病をおこす細菌性のやっかいな病気。一度かかってしまうと完治するのは難しく、効果的と言われるパラザンなどを使用しても回復の見込みは薄い。水槽の環境悪化などの飼育ミスが原因なので、そうならないよう予防し、罹らないようにするしかない。どの病気もだが予防が大切。病気の魚を発見したら、はやめの隔離が必要。

◆ウーディニウム症

コショウ病などの鞭毛虫類がおこす病気。白点病より細かい黄色みが強い小点が現れる。塩などによって治療することができるが、まれに、治らない厄介なコショウ病があるので気をつけたい。やはり、水質などの環境改善が必要。日頃の水換えを頻繁に行って予防に努める。飼育中や移動などの水質や水温の急変に気をつけて予防する。

◆イカリムシやウオジラミ

他の魚によって持ち込まれる寄生虫。肉眼でも発見することができ、見つけたらピンセットなどで取り除いてあげるとよい。重度の場合は生虫駆除用の薬品も市販されているので使用する。しかし、生虫駆除用の薬品は強いものが多いので、規定量よりも少なめに使用した方がよい。量を間違えると、飼育している魚まで殺してしまうことになってしまう。

塩と温度管理

病気は早期発見が大切

熱帯魚や金魚など、淡水魚の飼育をしていると、病気にかかった魚の治療として、塩や塩水浴といった言葉がよく出てきます。

これは昔からよく使われた方法で、普段は淡水で生活している魚を塩水に一定時間入れることで、寄生虫や微生物の治療をすることを指します。塩浴をさせると、普段の周囲の水と塩分濃度が異なるわけなので、魚にも負担はかかります。でも、短い時間であれば、魚は体の浸透圧を調節して耐えることができますが、寄生虫や微生物にはその調節機能がないため、耐えられず死滅する、という仕組みです。

塩水浴に使う塩水の濃度の目安としては、0.5%程度といわれています。つまり、10ℓの水に対して、塩を50g。ということになります。この塩水に1週間程度入れておくとことで、病気の治療を行うことを塩水浴と呼んでいます。ちなみに、魚の治療には効果がある塩水浴ですが、水槽の中の水草にとっては大敵です。塩水浴を行う場合には、別の水槽などに移して行うほうが安全です。

また、塩と同様に温度管理による治療も病気によっては効果があります。魚の病気を引き起こす、細菌や寄生虫が活発に繁殖する温度が25℃以下であることが多いため、高めの温度にすることで、それらの細菌や寄生虫が殖えるのを抑えるのです。とはいっても、これも温度をあげ過ぎれば魚の負担になりますので、魚の様子を見ながら、27〜28℃程度の温度に調節して治療します。また、病気予防のためにも、導入したての魚がいる場合や、ちょっと調子が悪そうな魚がいる場合にも、水温を高めにしておくとよいでしょう。

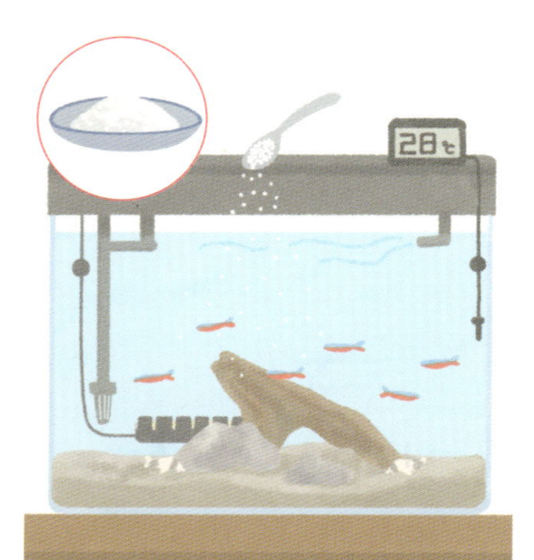

食塩で0.5%の塩水を作り、1週間ほど塩水浴をさせます。水温は28℃くらいの少し高めに設定しておきます。

Chapter5

ステップアップ熱帯魚飼育

きちんと状態よく熱帯魚を飼育する。これだけでも難しいことです。でも、もう一歩奥までアクアリウムの世界に踏み込んでみませんか？

熱帯魚の繁殖に挑戦

水槽内での繁殖はアクアリストの憧れ

熱帯魚を飼育している人にとって、自分の水槽の中で飼っている熱帯魚を繁殖させることを目標としている方もたくさんいます。水槽の中で繁殖を成功させることは、言い換えれば、水槽の中の環境が、飼っている熱帯魚にとって、自然下と同様に繁殖してもよい環境になっている、ともいえるからです。もちろん、熱帯魚の種類によって、繁殖が容易なものもいれば、とても難易度が高い魚種もいます。

例えば、メダカの仲間であるグッピーやプラティなどは、特別なことをしなくても、日々の管理や水質などに気を付けていれば、わりと簡単に稚魚の姿を見ることができます。とはいえ、水槽の中で稚魚が泳いでいるのを発見すると、感動するものです。

プラティの稚魚。卵胎生メダカの仲間は稚魚の状態で生まれてくるので、繁殖を成功させやすい。

ディスカスやエンゼルフィッシュ、ア

同じく卵胎生メダカの仲間、グッピー。さまざまな品種を掛け合わせて、新しい品種を作ることも目指せる。

ベタ・スマラグディナの泡巣。ベタの仲間には泡巣を作るものもいて、条件さえ整えば水槽内でも泡巣を作ることもある。

ピストグラマなどのシクリッド類になると繁殖の難度はかなり上がってきます。まずオスメスのペアを作らなければいけませんし、水質や水槽内外の環境、例えば卵を産む場所や、個体の成熟度、場合によっては水槽の設置場所なども繁殖に影響してくるのです。また、卵を産んでも、ちょっとした水質の変化で卵や稚魚がダメになったり、親魚が食べてしまったりすることもあります。

それでも繁殖に成功すると、例えばディスカスが体表に稚魚をくっつけて一生懸命子育てする姿など、普段見ることのできない魚たちの様子を見ることができるのです。

繁殖が成功するための条件は、魚種ごと、個体ごとに違います。熱帯魚のさまざまな書籍だったり、実際に繁殖に成功した人の情報などを参考にしながら、手探りで繁殖のための条件を見つけて整えていく。それが繁殖のへの早道です。熱帯魚の中にはまだまだ水槽内の繁殖が成功していない魚種や、繁殖の形態自体、よくわかっていない魚種もたくさんいます。ぜひ繁殖を目指して飼い込んでみましょう。

繁殖成功のためのヒント

前述のとおり、熱帯魚の繁殖の条件は、魚種によって違います。そのため、この条件さえそろえば絶対に繁殖する、と言

アピストグラマをはじめ、シクリッドの仲間は繁殖や子育てで独特な生態を見せてくれる。

い切ることはできません。ただ、いくつか外せない条件はあります。まずは親魚をしっかり選び、ペアを作ること。小型魚で雌雄の判別がつきにくい魚種の場合は、ある程度まとまった数を一緒に泳がせておくことで、自然にペアができる確率が上がります。ただ、中型以上の魚種やオス同士で激しいケンカをする魚種の場合など、まとめて複数の個体を混泳させられない魚種もいます。そういった場合はできるだけ健康で、十分成熟した個体でペアを作るようにしましょう。

また、その魚種がどんなところに卵を産むのか、例えば水草に産み付けるのか、産卵塔のようなものが必要なのか、といったことを調べて、魚種に合わせた環境を整える必要があります。

そしてもちろん、その魚種がどんな水質を好むのかといったことも調べておいて、魚に合った水質に調整してあげることも重要です。

卵が産まれたあと、稚魚が食べる餌の問題もあります。水槽内のプランクトンなどで育ってくれる場合もありますが、稚魚に合わせた餌を用意しなければならないこともあるので、しっかり情報を集めて、準備をしておきましょう。

また、子育てをする魚種ではない場合、親魚や他の魚がせっかくの卵や稚魚を食べてしまうこともあります。そういった場合は稚魚や卵を隔離できる環境を準備してあげましょう。

最近ではコリドラスの繁殖も混泳水槽で行う飼育者も多い。

卵や稚魚が生まれても、そのままにしておくと、混泳魚に食べられてしまうことも。必要に応じて産卵箱などで隔離しよう。

フィルター稚魚や卵が吸い込まれないよう、ブリラントフィルターなどを活用したい。

オリジアス・ネオンブルーの繁殖例

メタリックブルーに染まる体色と尾ビレの両端にみられる赤のコントラストが美しい、卵生メダカの仲間、オリジアス・ネオンブルー。この美しい魚も水槽内で繁殖することができる。十分に性成熟したペア。オスもメスもその美しい体色から、状態が良いのがわかる。メスの腹部に卵が固まっているのが確認できる。その後、受精した卵が水草に産み付けられる。卵の中で稚魚が成長している様子も観察できる。その後、孵化をした稚魚が水槽内で泳ぐのが確認できた。

オリジアス・ネオンブルーのオス

オリジアス・ネオンブルーのメス

メスの腹部についた卵

メスの腹部についた卵

孵化して水槽内を泳ぐ稚魚

水草レイアウトに挑戦

自由な発想で美しい水景を作ろう

単に熱帯魚を飼うというだけであれば、水槽の底に砂を敷き、少し水草を浮かせておくだけでも飼育には問題ありませんし、極端な話、何も入れていない水槽で飼育することも、問題はありません。でも、水草や流木、石などを使って美しい水景を作り上げる、というのも奥深い楽しみ方です。例えば、南米原産の魚と水草でアマゾン河の水景を再現してみたり、イマジネーションを働かせて自分だけの水景を作り上げるのも自由です。近年では水草のレイアウトの美しさを競う、レイアウトコンテストなども行われていて、世界中のアクアリストが水景の美しさやオリジナリティ、センスを競い合ったりしています。

水槽の中という限られた空間の中をいかにデザインしていくかは、あなたの発想とテクニック次第です。とはいえ、いかにレイアウトのセンスが良くても、水草の状態がよくなかったり、まばらに生えている、というような状態では魅力も半減してしまいます。そこでここでは水草の基本的な管理と美しく保つ方法について見ていきたいと思います。

水草の葉色も種類によってさまざま。魚の色や他の水草とのバランスを考えながら、植えていくことで美しいレイアウトを組むことができる。

水槽の中央に大きな流木や水草の株を配置することで、インパクトのあるレイアウトを組むというのもひとつのテクニック。

column

水草を美しく育てるポイント

底床にソイルを使う

水槽の底に敷く底砂にはいろいろな種類がありますが、水草を育てることを考えると、ソイルを使うことがおすすめです。ソイルは土を小さな粒に固めたものなので、水草にとって有用な養分を含んでいます。また、大磯砂などよりも植え込んだりする際に作業がしやすいというメリットがあります。

きちんとトリミングをする

水草はそのまま放っておくと、いろいろな方向に伸びていったり、間延びしてしまったりとなかなか思い通りには育ってくれません。水草を保つためには、定期的にトリミングをすることが大切です。ただ、水草といっても、さまざまな種類があり、例えばロゼット型の水草は外側からトリミングをする。有茎の水草は途中でカットして、茎の上部側を植えなおす、というように種類によってトリミングの仕方が異なります。水草を購入する際にトリミングの仕方について、ショップのスタッフの方にあらかじめ聞いておくとよいでしょう。

CO_2を添加する

水草も、陸上の植物と同様に光合成を行なって成長します。つまり、CO_2を取り込んで、酸素を放出するわけですが、水槽内のCO_2の量は十分にあるとは限りません。そこで水槽内にCO_2を添加してあげることで、より活発に光合成をすることができるようになり、水草の生育状態もぐっと良くなります。交換式ボンベを使って水槽内にCO_2を供給する装置などもあるので、水草レイアウトに挑戦する際には用意しておくととても便利です。

水草を植える際の準備

1

売られている水草は根の部分をウールマットや鉛で巻かれています。これを外して、植えやすい量の束に分けます。

2

長すぎる根や傷んでいる部分を取り除きます。根の部分が長いと植え込む際に邪魔になって植えにくくなるので注意。

3

植える前にしっかり水洗いをしておきます。こうすることでプラナリアやミズムシなどが水槽に侵入するのを防ぐことができます。

4

有茎の水草は植える前に長すぎる茎や弱っている部分を切り取って、ある程度長さを揃えておくなどしておくと、作業がしやすい。

水草カタログ

ここでご紹介する水草は、水草の初心者でも比較的扱いやすく、入手も容易なものです。もちろん、扱いやすいといっても、きれいに育てれば、これらの水草だけでも十分に素敵な水景を作ることが可能です。いろいろな組み合わせで、自分だけの美しい水景作りに挑戦してみましょう。

ハイグロフィラ・ポリスペルマ

安価で育成も容易な、ポピュラーな有茎草。ショップで常に見ることができる、もっともポピュラーな有茎草の1つ。とても丈夫で育成しやすく、生長したものは挿し戻しを行えばすぐに新芽を出す。ただし、CO_2の量が多いと間延びしやすい。

ハイグロフィラ・ロサエネルビス

ハイグロフィラ・ポリスペルマの突然変異株を固定した品種で、葉に入る斑がピンク色でとても美しい。レイアウト内に赤味が欲しい時にお勧めだ。鉄分など肥料分が不足すると葉の赤みが薄れてしまう。

ウォーター・ウィステリア

ギザギザした葉が特徴の有茎草。育成条件によって丸葉からギザギザした切れ込みのある葉へと変化する。丈夫で初心者にも容易に育成することができるが、光量が足りないとまっすぐに生長しない。

ロタラ・ロトンディフォリア

細かい葉が美しい、とてもポピュラーな水草。赤が美しくレイアウトのポイントとなってくれる。安価で販売されているのは水上葉だが、育成は難しくない。CO_2を添加すると美しく生長する。

グリーン・ロタラ

ロタラ・ロトンディフォリアの緑版で、九州などに自生する。幅広く使用できるため、レイアウト水槽にかかせない水草の1つで、多くのレイアウト制作者が使用する人気種。

リスノシッポ

先端がピンク色になる非常に細かい葉がとても美しい水草で、リスの尾のように見えることからこの名で親しまれているポピュラー種だ。赤を強く出すには、鉄分を含んだ液体肥料の添加が効果的。

ロタラ・マクランダ

赤系の有茎草の代表種で、ポット売りなどで売られていることが多い。水中葉は非常に柔らかく、傷つきやすいので取り扱いには気を使いたい。弱酸性の軟水で光を強めにし、CO_2添加が育成のコツ。

バリスネリア・スピラリス

とても丈夫で、初心者にもお勧めできる、もっともポピュラーな水草の1つ。レイアウトでは中景から後景に使われる。CO_2を添加しなくても十分に育成でき、ランナーによって容易に殖える。

パールグラス

小さな葉が密に付く小型の繊細な水草で、レイアウト水槽になくてはならない程の人気がある。明るい緑色が魅力。高光量でCO_2を添加すれば育成は容易で、挿し戻せばよく殖える。

スクリュー・バリスネリア

日本の琵琶湖などにも近縁種が分布している水草で、葉が螺旋状にネジレているのが特徴。コークスクリュー・バリスという別名もある。東南アジアの水草ファームで栽培された物が大量に輸入されている。

アマゾン・チドメグサ

やや大型になる、丸い葉が特徴の有茎草。育成は容易だが、肥料不足になり易く、液肥の添加が有効。レイアウトでは前景から中景で使われることが多いが、葉が直立する性質があり、前景よりも中景に向く。

グロッソスティグマ・エラチノイデス

水草レイアウト水槽になくてはならない、もっとも人気の高い水草の1つ。丸い小さな葉が底床全面を覆いつくし、緑の絨毯のように美しく繁茂する。CO_2の添加がとても重要である。

ウィローモス

育成が容易でよく殖えるため、頻繁にトリミングを行わなければならないが、流木や石などに活着できるため利用価値が高く、レイアウトにはなくてはならない存在のコケの仲間。

リシア

本来は水面に浮いて生長する、明るい葉を持つコケの仲間。レイアウト水槽ではウィローモスなどに絡ませて強制的に水中に沈めている。強めの光とやや多めのCO_2が育成のポイント。

カボンバ

観賞魚の世界で古くから知られるポピュラー種。低温に強いため日本にも帰化している。金魚やメダカに使う人が多いが、熱帯魚の水草としても魅力的だ。水質は弱酸性に近いほうが良い。

アナカリス

金魚藻として売られている水草で、透明感があるグリーンが美しい、カボンバと並ぶポピュラー種。金魚だけでなく、熱帯魚水槽にも使われている。日本の川や湖にも帰化しているので目にする機会は多い。

マツモ

入手の容易なポピュラー種。育成も容易で、初心者にもお勧めの水草の1つ。底床に植えてもよいのだが、水中に漂わせておくだけでも生長する。殖えすぎてしまったらある程度トリミングをするとよい。

ミクロソリウム・プテロプス

もっとも育成の容易なポピュラーな水草で、流木などに活着できるため利用価値が高い。本種を含めたシダ類は高水温には弱く、夏場にシダ病と呼ばれる病気になりやすいので要注意。

アヌビアス・ナナ

とても古くから親しまれている水草の代表種で、現在でもその人気の変わらない。流木などに活着させることも可能なので幅広い使用ができ、丈夫でよく殖えるのも人気の要因である。

アマゾン・ソード

ロゼット型の水草の代表種にして、熱帯魚界を代表する水草。葉数が多く大型に生長するエキノドルスなので見応えがあり、その存在感からレイアウトのセンタープランツとして最適。

クリプトコリネ・ウェンティー“トロピカ”

デンマークのトロピカ社が作出したウェンティー種の改良品種で、人気の高いクリプトコリネのポピュラー種。品種名にも“トロピカ”の名前が付く。葉の凹凸は水中葉でも同じように見られる。とても丈夫で育てやすい。

アマゾン・フロッグピット

アメリカの熱帯域から南米に分布する、とてもポピュラーな浮き草の仲間。泡巣を作る魚の飼育などに使用すると良いだろう。レイアウトに多く使うと、光を遮ってしまうので要注意だ。

ホテイアオイ

夏になると家の池などに入れられている水草。金魚飼育で水面に浮かせて使用される。南米原産で低温には弱く、冬になると枯死してしまうが、現在では世界各地に移入分布している。環境が良いと早く増殖する。

Chapter6

熱帯魚飼育のQ&A

最後に熱帯魚の飼育について、多く寄せられる質問や疑問をいくつかピックアップしてお届けします。

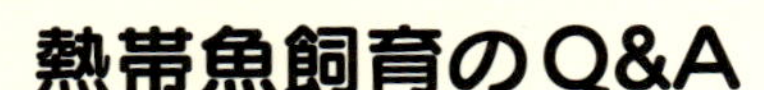

熱帯魚飼育のQ&A

熱帯魚の飼育を始めると、いろいろな疑問や悩みにぶつかります。ここではそんな疑問や質問の中でも、よく編集部に寄せられるものをいくつかピックアップしてみました。もちろん、ここで掲載したQ&A以外にも、疑問点はきっと出てくると思います。飼ってみなければ、出てこない疑問点もあるはずです。

その疑問点を詳しい人や本で調べたり、ショップのスタッフに相談したりしながら、ひとつひとつ解消することが、熱帯魚の飼育スキルの上達、理想のアクアリウムの構築への道となります。一歩一歩、熱帯魚にとって良い環境を作っていきましょう。

フィルターにはいろいろなタイプがありますが、どんな基準で選べばよいですか？

水槽サイズや飼育する魚種、そして飼育する匹数に合わせて選びましょう。現在販売されているフィルター・システムの多くはとても高性能なので、どれを使用しても十分な効果が得られます。ただし、飼育する魚が多い場合はやや大きめのフィルターを選択すると良いでしょう。そうすることで、確実に濾過性能を上げる効果があります。

また、水草を美しくレイアウトしたいのであれば、CO_2の添加が必要なので、上部フィルターや底面フィルターのようにCO_2が曝気してしまわない、水中フィルターや外部フィルターを使用します。

Q2 ソイルと大磯、川砂などいろいろな種類がありますが、特徴と使分け方を教えてください。

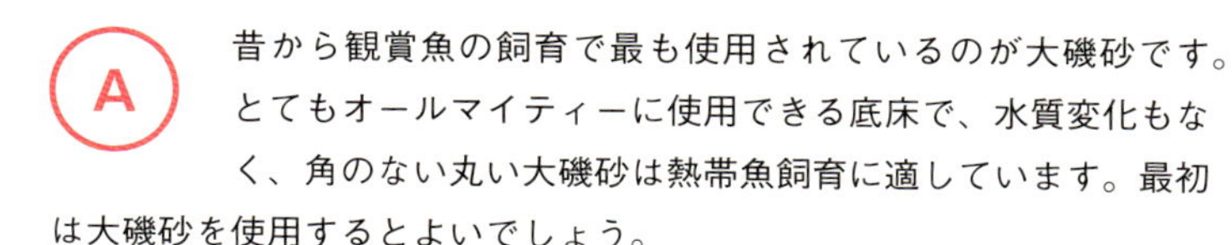

A 昔から観賞魚の飼育で最も使用されているのが大磯砂です。とてもオールマイティーに使用できる底床で、水質変化もなく、角のない丸い大磯砂は熱帯魚飼育に適しています。最初は大磯砂を使用するとよいでしょう。

サンゴ砂はサンゴの骨格の破片で主成分がカルシウムなので、水質を弱アルカリ性に保ってくれます。そのため、飼育水の水質が弱アルカリ性のグッピーやアフリカン・シクリッドの水槽や濾材に使用されています。

そして、水草を中心にレイアウトしたいのであればソイルをお勧めします。水草育成に必要な養分などを容易に得ることができます。ただし、天然の土が原料なので、長時間水に浸かると崩れて粉状になり根詰まりを起こしやすいので、「泥抜き」と呼ばれる作業が必要です。また、セットして１ヶ月程度は頻繁に水換えをするのがコツです。

03 熱帯魚ってどのくらいの寿命があるのですか？

A 本当に千差万別です。小型のメダカのように1年程度のものから、大型ナマズなどでは数十年という魚もいます。ただし、水槽内という環境ではかなり変わってきます。特に、繁殖などをさせると寿命は縮まることが多いです。

メダカの仲間に多く見られる、「一年性」と呼ばれる、自然下では一年単位のサイクルで生きている魚の場合、水槽内だと2〜3年生きることが多いです。そのため、ショップで販売されている熱帯魚の多くは、小型魚で2〜3年。中大型魚で十数年。平均すると数年と考えてよいでしょう。

Q4

旅行で1週間ほど留守にするのですが、その間は熱帯魚の世話はどうすれば？

A

基本的には何もしないことをおすすめします。魚は一週間程度なら餌を食べなくても生きていけます。逆に最もやってはいけないことは、気を使って餌をたくさん与えてしまうことです。食べ残しは水質を悪化させますし、排泄物が増えるのも水質悪化を起こします。何もしないことが最悪の状況を避けられるのです。水草が多くレイアウトされている水槽や、比較的大型の魚などは、一週間程度ならまず問題ないでしょう。フードタイマーなどを使用するのも良い方法ですが、留守の間は速やかな対応ができないので、餌の量をかなりの少量にセットすると良いでしょう。

Q5

水槽の中に小さな白いイトミミズのようなものがいるのですが、なんですか？

A

実物を見て見ないと何とも言えませんが、おそらくミズミミズでしょう。これらは購入した水草や魚と一緒に侵入してしまうことがほとんどです。これといって悪さをする訳ではありませんが、気になるようでしたら対策をしたほうが良いでしょう。基本的に水質が悪化すると増殖する傾向があるので、こまめな水換えを行いましょう。また、大きな個体はスポイトなどで除去すると良いでしょう。ある程度は小型の魚たちも食べますが、餌のほうが美味しいので、魚に任せていても、全滅はしないと考えてください。

その他に考えられるものとしては、ガラス面を動いているやや大きな生き物であればプラナリアです。

◆**協力**

東山動物園 世界のメダカ館、ジャパンペットコミュニケーションズ、株式会社 リオ、神畑養魚株式会社、専門学校ちば愛犬動物学園、GEX、スペクトラムブランズジャパン、B-BOXアクアリウム、AQUASHOPつきみ堂、東京サンマリン、チャーム、アクアセノーテ、グランバリューアクアティクス、フィードオン、虹彩、ピクタ、マーメイド、永代熱帯魚、まっかちん、アクアテーラーズ、アクアフォーチュン、CAKUMI、フィッシュメイトフォーチュン、マルカン、パピエC

高井誠、山崎浩二、藤川清、戸津健治、木滑幸一郎、勝哲哉、小林圭介、佐々木千花

著者プロフィール
佐々木浩之（ささきひろゆき）
1973年生まれ。水辺の生物を中心に撮影を行うフリーの写真家。幼少より水辺の生物に興味をもち、10歳で熱帯魚の飼育を始める。フィールドでの苔の撮影や、淡水の水中撮影をライフワークにしている。中でも観賞魚を実際に飼育し、状態良く仕上げた動きのある写真に定評がある。東南アジアなどの現地で実際に採集、撮影を行い、それら実践に基づいた飼育情報や生態写真を雑誌等で発表している。他にもフィッシング雑誌などでブラックバスなどの水中写真も発表している。
主な著書に、苔ボトル(電波社)、熱帯魚・水草 楽しみ方BOOK（成美堂出版）、トロピカルフィッシュ・コレクション６南米小型シクリッド（ピーシーズ）、ザリガニ飼育ノート、メダカ飼育ノート、金魚飼育ノート、ツノガエル飼いのきほん、ヒョウモン飼いのきほん（誠文堂新光社）などがある。

デザイン … 宇都宮三鈴
イラスト … ヨギトモコ
DTP … メルシング

選び方、水槽の立ち上げ、メンテナンス、病気のことがすぐわかる!
アクアリウム☆飼い方上手になれる!　熱帯魚　NDC 666

2017年11月20日　発　行

著　者　佐々木浩之
発行者　小川雄一
発行所　株式会社誠文堂新光社
〒113-0033　東京都文京区本郷3-3-11
（編集）電話03-5800-5751
（販売）電話03-5800-5780
http://www.seibundo-shinkosha.net/

印刷所　株式会社 大熊整美堂
製本所　和光堂 株式会社

ISBN978-4-416-71738-7